Wolfgang Schlageter

# Die Grundlagen der Physik

## Eine Einführung in die Denkweise und Methode der Physik

GRIN Verlag

**Bibliografische Information der Deutschen Nationalbibliothek:**

Die Deutsche Bibliothek verzeichnet diese Publikation in der Deutschen National-
bibliografie; detaillierte bibliografische Daten sind im Internet über http://dnb.d-
nb.de/ abrufbar.



**Impressum:**

Copyright © 1998 GRIN Verlag GmbH
Druck und Bindung: Books on Demand GmbH, Norderstedt Germany
ISBN: 978-3-656-36216-6

**Dieses Buch bei GRIN:**

http://www.grin.com/de/e-book/208596/die-grundlagen-der-physik

W. Schlageter

# Die Grundlagen der Physik

EINE EINFÜHRUNG
IN DIE
DENKWEISE UND METHODE
DER PHYSIK

Heilbronn 1998

*W. Schlageter*
**Die Grundlagen der Physik**

# W. Schlageter

# DIE GRUNDLAGEN DER PHYSIK

EINE EINFÜHRUNG
IN DIE
DENKWEISE UND METHODE
DER PHYSIK

**Ulrike Weik**
gewidmet

*Heilbronn 1998*

# Inhalt


| Kapitel | Bezeichnung | Seite |
|---|---|---|

Vorwort ................................................................................................. I.

Warum sollen wir Physik lernen? ........................................................ II.

0.      Der Ursprung der physikalischen
Prinzipien in der Antike ................................................................ V.

**1.    Die Begründung der modernen Physik durch Galilei** ...... 1

1.1    Allgemeines Erkenntnisziel der Physik ...... 2

1.2    Die allgemeinen Prinzipien Galileis ...... 2

1.3    Die Begründung der Kinematik ...... 3

1.3.1    Bewegungen ...... 3

1.3.2    Das Gesetz der ungestörten Überlagerung von Bewegungen ...... 6

1.3.3    Bewegungsmaße ...... 9

1.3.4    Fundamentale Bewegungstypen ...... 12

1.4    Das Prinzip der Zeitsymmetrie ...... 17

1.5    Die Methode Galileis ...... 19

1.6    Die Begründung der Dynamik ...... 20

1.6.1    Der freie Fall ...... 20

1.6.2    Der waagrechte Wurf ...... 23

1.6.3    Der schiefe Wurf ...... 26

1.7    Die Masse ...... 28

1.8    Das Prinzip der Energieerhaltung: Der Energiesatz in der Statik ...... 29

1.8.1    Der Weg zum Prinzip der Energieerhaltung ...... 29

1.8.2    Der Energieerhaltungssatz der Statik ...... 31

1.8.3    Anwendungen: Hebel und Flaschenzug ...... 32

**2.    Ausbau und Vertiefung der Prinzipien durch Huygens** ...... 35

2.1    Fortschritte in der Kinematik ...... 35

2.1.1    Die Kreisbewegung bei konstantem Geschwindigkeitsbetrag ...... 35

2.1.2    Harmonische Schwingungen ...... 38

2.2    Dynamik: Die Pendelschwingung ...... 41

2.3    Der Energieerhaltungssatz in der Dynamik:
Das Prinzip der Energieumwandlung ...... 46

2.4    Neue Prinzipien: Relativität und Isotropie
am Beispiel der Stoßgesetze ...... 49

2.4.1    Das Relativitätsprinzip ...... 49

2.4.2    Das Prinzip der Raumisotropie ...... 49

2.4.3    Die Stoßgesetze ...... 50

**3.    Die Vollendung der Mechanik durch Isaac Newton** ...... 53

3.1    Die Prinzipien Newtons ...... 53

3.1.1    Generalisierung ...... 53

3.1.2    Die Kraft ...... 54

3.1.3    Das Gesetz von Actio und Reactio ...... 55

3.2    Die Himmelsmechanik ...... 56

3.3.    Die allgemeine Gravitation ...... 61

3.4    Axiomatische Physik ...... 63

3.4.1    Die Newton' schen Axiome ...... 63

3.4.2    Einfache Folgerungen aus den Axiomen ...... 63

3.4.2.1    Bewegungsgleichungen und Bahnkurven ...... 63

3.4.2.2    Impuls und Impulserhaltungssatz ...... 67

3.4.3.2    Der Energieerhaltungssatz der Statik ...... 69

Lösungen ...... 70

Schlusswort ...... 77

Literaturhinweise ...... 79

# Warum sollten wir Physik lernen?

Keine andere Wissenschaft hat so das Leben der Neuzeit verändert wie die Physik. Dies gilt nicht nur für die zahllosen technischen Errungenschaften, die sich als Konsequenz der physikalischen Forschungen ergeben haben; auch unser alltägliches Denken wurde tiefgreifend beeinflusst. Man versuche einmal sich vorzustellen, wie die Menschen im Mittelalter alltägliche Erscheinungen wie Blitz und Donner, gefrierendes Wasser oder ganz einfach den Blick zum Sternenhimmel erlebt haben und vergleiche dies mit den Eindrücken, die ein heutiger Mensch hierbei hat. Oder gar extreme Ereignisse wie Erdbeben, Vulkanausbrüche oder das Erscheinen von Kometen!

Tatsächlich bestimmt aber die Physik noch in einem viel weiteren und tieferen Sinn unser Denken. Als sie nämlich im Laufe ihrer Entwicklung ihre großen Triumphe feierte, war es verständlich, daß auch die übrigen Wissenschaften versuchten sich an der Physik zu orientieren und ihre Methoden so weit wie möglich zu übernehmen. Auf diese Art und Weise glaubten sie dieselbe Sicherheit in ihren Ergebnissen erreichen zu können. Dies gilt nicht nur für die im Laufe der Zeit von der Physik sich abspaltenden übrigen Naturwissenschaften oder die ihr am nächsten stehenden Ingenieurwissenschaften. Wer zum Beispiel glaubt in Mathematik nicht aufpassen zu müssen, da er später ohnehin etwas anderes studieren will und dann plötzlich in Volkswirtschaftslehre, Psychologie oder Sozialwissenschaft einen oder gar mehrere „Mathescheine" nachweisen muss, der kann dies nur verstehen, wenn er die von *Galilei* begründete Methode der Physik verstanden hat. Alle Wissenschaften, soweit sie Exaktheit für sich in Anspruch nehmen, haben sie nämlich übernommen!

**In der Tat:** Je tiefer man blickt, desto mehr wird der Einfluss der physikalischen Denkweise erkennbar. Die großen Philosophen, die das geistige Klima ihrer Zeit letztendlich verbalisiert bzw. bestimmt haben, sind ohne ihre Auseinandersetzung mit der Physik nicht verständlich. Es genügt nur auf

| | |
|---|---|
| **R. Descartes** | **(1596 – 1649),** |
| **G.F. Leibniz** | **(1646 – 1716),** |
| **I. Kant** | **(1724 – 1804),** |

den Materialismus des 19. Jahrhunderts oder die analytische Philosophie des 20. Jahrhunderts hinzuweisen. Letztere wird auch Wissenschaftstheorie genannt und man könnte das 20. Jahrhundert als das wissenschaftliche Jahrhundert bezeichnen. Wer dann nicht in eine blinde Wissenschaftsgläubigkeit verfallen will, wer Möglichkeiten und Grenzen von Wissenschaft sinnvoll diskutieren möchte, der muss die Methode, die der Wissenschaft zugrunde liegt, kennen.

Dies kann sinnvoll nur „**ad rem**", an der Sache selbst erlernt werden und diese ist eben die Physik! Hierfür genügt es, und mehr ist hier auch gar nicht möglich, *die Grundlagen zu kennen*. Andererseits sind sie aber auch der Schlüssel zum Verständnis all der phantastischen Probleme mit denen die Physik sich beschäftigt und die sie gelöst hat. Es werden dort Aussagen über den Zustand der Welt bei ihrer Entstehung gemacht, über riesige Weiten des Weltraumes, wo man die entsprechenden Zahlen lesen kann, ohne sie je wirklich zu erfassen!

Die Kernphysik beschreibt Teilchen, die infolge ihrer Kleinheit nie jemand sehen kann, abgesehen davon, dass sie nur einen Bruchteil einer Sekunde existieren. Kein denkender Mensch kann hierbei teilnahmslos bleiben und muss sich unwillkürlich fragen: Wie sind solche Erkenntnisse überhaupt möglich?

Dabei beruhen sie tatsächlich auf den Prinzipien, die wir hier lernen sollten:
**Kraft, Energieerhaltungssatz, Relativitätsprinzip usw.** [*], um ein Beispiel zu nennen:

Beim $\beta$ - Zerfall zerfällt ein Elementarteilchen a (ein Proton) zunächst in zwei Teilchen b und c (in ein Neutron und ein Elektron). Dabei sind Energie und Impuls von b und c zusammen geringfügig kleiner als derjenige von a. Hieraus schloss *W. Pauli (1900 – 1958)*, aus den Erhaltungssätzen für Energie und Impuls, 1931 auf die Existenz eines weiteren Teilchens, das Neutrino. Es musste seltsame Eigenschaften haben: keine Ruhemasse, sich beständig mit Lichtgeschwindigkeit bewegen und Materie ungehindert durchdringen können. 1956 wurde es dann tatsächlich entdeckt!!

Verfolgt man die Grundlagen der Physik zurück zu ihren Anfängen, so kommt man, wie bei nahezu allem in unserer Kultur, zum antiken Griechenland. Es wäre interessant nachzuvollziehen, was aber hier nicht getan werden kann, wie dort im Laufe der Zeit die Grundbegriffe wie Raum, Leben, Materie usw. herausgearbeitet wurden. Die Philosophen wurden dabei von der Frage geleitet: *Was ist die Stellung des Menschen in der Welt und wie kann er insbesondere das verstehen, was ihn umgibt?*

„Gelöst" wurde dieses Problem früher und in allen anderen Kulturen durch das Wirken irgendwelcher Götter; Kräfte, die man sich analog zum menschlichen Handeln, kurz, anthropomorph, dachte.

**Die Griechen suchten dann eine ganz neue Antwort: Sie sollte in der Natur selbst gefunden werden.**
**Dabei war das Grundproblem:**
**Durch welche Begriffe und Denkweisen konnte Wahrheit erreicht werden, im Gegensatz zu dem trügerischen wechselnden Spiel der Sinne, die bald dieses, bald jenes vorgaukelten? Auf diese Art und Weise entstanden dann die Prinzipien, auf denen die moderne Physik später aufbaute, bis dann schließlich in den Systemen des Platon und Aristoteles der geistige Rahmen abgesteckt war, in dem sich die Wissenschaft fortan bewegen sollte.**

In der Tat bestimmte das Begriffssystem des *Aristoteles* das Abendland und insbesondere die Physik nahezu 2000 Jahre bis zum Ende des Mittelalters. Dagegen stand die Renaissance, mit der die Neuzeit begann, unter dem geistigen Einfluß *Platons*. Insbesondere das geistige Zentrum dieser Zeit, Florenz, stand ganz unter dessen Herrschaft. Hier wuchs *Galilei* heran. Es ist aber bezeichnend für dessen Genie, dass er, obwohl in seinem Denken ganz platonisch, diesen nicht einfach übernahm, sondern dessen Begriffssystem souverän der neuen Aufgabe anpasste.

---

[*] *Es soll natürlich nicht verschwiegen werden, dass im Laufe der Zeit diese Prinzipien der jeweiligen Aufgabe entsprechend in hohem Maße weiterentwickelt und abstrahiert wurden!*

# 0. DER URSPRUNG DER PHYSIKALISCHEN PRINZIPIEN IN DER ANTIKE

**Prinzip: Erster, auf nichts weiteres zurückführbarer „Grund – Satz".**

1. Thales von Milet, * um 625 v.·Chr., † um 545 v.·Chr., griechischer Philosoph; einer der Sieben Weisen, gilt seit Aristoteles als Begründer der Philosophie. Nach seiner Lehre ist die Vielfalt der Elemente und der Einzeldinge aus dem Wasser entstanden. Zitat: *„Der Ursprung von allem liegt im Wasser."* Ein revolutionärer Satz, denn der Ursprung der Natur wurde in dieser selbst und nicht durch mythische Regeln, die sich durch das ganze Leben der antiken Völker zogen, gesucht.

2. Heraklit, Herakleitos, Herr von Ephesos, * etwa 540 (544) v.·Chr., † 480 (483) v.·Chr., griechischer Philosoph; Fragmente in schwerer, tiefsinniger, prophetischer Sprache, in denen der Gedanke des Werdens *(»alles fließt«, griechisch "panta rhei")* und der Gegensätze im Mittelpunkt steht. - Zitat: „Man springt nicht zweimal in denselben Fluß". Hierdurch wurde erstmalig das Erkenntnisziel der Physik, nämlich die Erforschung der Bewegungen *(„Veränderungen")* in der Natur, ausgesprochen. Das Werden selbst dachte sich Heraklit durch den allumfassenden Logos bestimmt *(wobei er dieses Wort erstmalig verwendete).*

3. Pythagoras, von Samos, * um 580 v.·Chr., † um 496 v.·Chr., grichischer Philosoph; vertrat neben der orphischen Lehre von der Wiedergeburt der menschlichen Seele wissenschaftliche, besonders mathematische Interessen. Der pythagoreische Lehrsatz wird Pythagoras fälschlicherweise zugeschrieben. – Pythagoreismus, die Lehre des Pythagoras und seiner Schule. Den Herakleitischen Logos glaubten die Pytagoräer insbesondere in der Zahl zu erkennen. Somit wurde erstmalig die Mathematik zur Erforschung der Natur angewendet. Von großer Bedeutung war hierbei, dass die harmonischen Tonfolgen Zahlenverhältnissen entsprechen. Halbiert man die Saitenlänge, so erhält man den Ton für eine Oktave höher. Der Oktave entspricht also das Verhältnis 1 : 2, für die Quart 3 : 4 usw. Also „finden" wir die Mathematik in der Natur wieder! Dieses Ergebnis war später für Johannes Kepler (1575 - 1630) von entscheidender Bedeutung (vgl. Kap. 3.2, Seiten 56 f.).

4. Parmenides aus Elea, * um 540 v.·Chr., † nach 480 v.·Chr., griechischer Philosoph; Vorsokratiker, Begründer der Eleatischen Schule; führte das logischbegriffliche Denken in die Philosophie ein. Dem trügerischen Schein der Wahrnehmung stellte er das nur im Denken zu erfassende eine, unwandelbare Sein gegenüber. – Nur das was man denken kann, existiert. Hieraus folgt insbesondere: Das „Leere" *(der leere Raum)* existiert nicht, ebensowenig das Nichts. Hieraus ergibt sich, dass im Gegensatz zu Heraklit keine echte Veränderung *(Bewegung)* möglich ist. Denn aus nichts kann nicht plötzlich etwas werden, ebensowenig kann etwas zu nichts vergehen. Wir können hier erstmalig das Prinzip der Erhaltung in der Natur erkennen *(vgl. Energieerhaltungssatz, Impulserhaltungssatz).*

5. Demokrit, * um 460 v.·Chr., † um 370 v.·Chr., griechischer Philosoph; hatte zum Ziel die beiden diametral entgegengesetzten Positionen des Heraklit *(beständige Veränderung)* und des Parmenides *(unveränderliche Einheit des Seins)* zu versöhnen. Er erklärte die Welt als Zusammensetzung kleinster, unvergänglicher Teilchen, die sich im leeren Raum bewegen, und wurde damit Begründer der Atomistik. Die Veränderung wurde somit durch die fortlaufende Umgruppierung der Atome erklärt, andererseits sind die Atome selbst unvergänglich, entstehen nicht und vergehen nicht. Hierzu musste er allerdings „neben dem Vollen auch das Leere zulassen" *(Aristoteles).*

6. Platon, Plato, * 427 v.·Chr., † 347 v.·Chr., griechischer Philosoph, Schüler des Sokrates; gründete 387 in Athen eine eigene Schule, die Akademie. Platons Philosophie, die klassische Form des Idealismus, ist in einer Reihe von Dialogen niedergelegt. Kern seiner Lehre sind die Ideen, die unveränderlichen Urbilder, denen im Gegensatz zu den wahrnehmbaren Dingen, den Abbildern der Ideen, wirkliche Existenz zukommt. Nur so können die Widersprüche zwischen Anschauung und Denken vermieden werden. Auch die Wahrheit wird weder gesehen noch gerochen, gehört, getastet oder über den Geschmackssinn erfasst. Dasselbe gilt für weitere Grundbegriffe wie das Schöne oder das Gute. Ideal sieht Platon sein Konzept in der Mathematik realisiert. Auch hier müssen wir zwischen der Idee der Geraden und ihrem konkret gezeichneten Abbild unterscheiden. Dasselbe gilt für den Punkt, den Kreis, sämtliche mathematischen Gebilde. Soweit wir uns jedoch im Reich der mathematischen Ideen bewegen, können wir absolute Gewissheit für unsere Gedanken erlangen. Mit diesem Konzept erlangte später Platon fundamentalen Einfluss auf die beginnende moderne Physik der Renaissance, indem diese sich das Ziel setzte, die Natur mathematisch zu beschreiben und so ebenfalls dieselbe Sicherheit ihrer Ergebnisse wie in der Mathematik zu erhalten *(Galilei: „ Die Natur ist in mathematischen Lettern geschrieben“).*

7.

Aristoteles, griechischer Philosoph, * 384 v.·Chr., † 322 v.·Chr.; Schüler Platons und Erzieher Alexanders des·Großen, begründete eine eigene philosophische Schule *(Peripatetische Schule)*.
– Aristoteles war ein universaler Geist, der Weltoffenheit mit Geistesschärfe, Tiefsinn mit größter Verstandeshelle, Spekulation mit Erfahrung verband. Die überlieferten Werke sind vor allem Lehrschriften; sie umfassen Logik, Metaphysik, Naturphilosophie, Ethik, Politik, Psychologie, Poetik und Kunsttheorie. Aristoteles war der größte Systematiker der abendländischen Geistesgeschichte. Seine Begriffsbildung beherrscht die Schulphilosophie bis zur Gegenwart. Seine Metaphysik ist wesentliche Lehre von den Seinsprinzipien Form und Stoff, Möglichkeit und Verwirklichung. Im Gegensatz zu Plato ging Aristoteles bei der Naturerkenntnis vom konkret Einzelnen aus, dem demnach alleine tatsächliche Existenz zukomme. Das Allgemeine *(die „Idee“)* wurde hieraus durch Generalisierung abgeleitet *(„Induktion“)*. Von größter Bedeutung für die modernen Wissenschaften war, dass Aristoteles erstmalig konsequent die Natur selbst befragte *(Sammeln, Systematisieren von Pflanzen etc.)*. Hierdurch wurde er zum Begründer der empirischen Forschung. Ebenso entwickelte er aber auch die formale Logik *(„Keiner, der die Logik nicht kennt, kann in die Philosophie eintreten“)* und schuf so die Grundlagen für ein unentbehrliches Instrument der modernen Wissenschaft.


Die moderne Physik ist ohne Plato und Aristoteles nicht denkbar. Sie stellt im Wesentlichen eine Synthese zwischen beiden dar. In Begriffen wie dem „Massepunkt“, dem „starren Körper“, dem „elektrischen Feld“, erkennen wir platonische Einflüsse, ebenso in der allgemeinen Kinematik oder überhaupt in der konsequenten Mathematisierung. In dem Zurückgehen auf das konkret Einzelne sowie in der empirischen Forschung sehen wir den Einfluss von Aristoteles

# 1. DIE BEGRÜNDUNG DER MODERNEN PHYSIK DURCH GALILEI

Galilei, Galileo, * 1564, † 1642, italienischer Naturforscher; lebte zu Ende des Mittelalters/Anfang der Neuzeit ( =Rennaissance ⇨ Wiedergeburt [der Antike] ). Begründete die moderne, auf Erfahrung und Experiment beruhende Physik; beobachtete die Gesetzmäßigkeit der Pendelschwingungen, erfand die hydrostatische Waage zur Bestimmung spezifischer Gewichte und untersuchte 1589 in Pisa die Fallgesetze; konstruierte 1609 ein Fernrohr und entdeckte Mondberge, Jupitermonde, Sonnenflecken, Phasengestalten der Venus und anderes; 1610 nach Florenz berufen; geriet er wegen seines Bekenntnisses zum heliozentrischen Weltsystem des Kopernikus mit der Kirche in Konflikt und schwor 1633 in Rom vor dem Inquisitionsgericht ab, widerrief jedoch angeblich mit dem Ausspruch »Und sie (die Erde) bewegt sich doch«.

Galilei wurde 1992 von Papst Johannes Paul II. öffentlich rehabilitiert.

Die gesamte Physik wurde für 2000 Jahre bis zum 16. Jahrhundert von Aristoteles beherrscht. Allerdings war dessen Begriffsapparat im Wesentlichen an der Biologie orientiert. Dies führte u. a. zum Begriff einer speziellen Zielursache („Telos"). Eine Bewegung ist nur erklärt, wenn das Ziel angegeben ist, dem sie zustrebt. Jeder Körper soll demnach seinem natürlichen Ort zustreben. So ist der natürliche Ort des Lichts der Himmel. Das Feuer strebt somit diesem zu (der natürliche Ort des Leichten ist das „Oben").

Mit der Änderung des Weltbildes durch Kopernikus (heliozentrisches System) traten hierbei Schwierigkeiten auf („oben" und „unten" verloren ihren absoluten Sinn). Auch aus dem nahe liegenden Prinzip der konkreten Beobachtung des Einzelnen ergaben sich Probleme. So ordnete Aristoteles den beiden idealen Bewegungen der angeblich nicht endenden Kreisbewegung den Himmel und der angeblich von selbst endenden geradlinigen die Erde zu. Wir werden später sehen, inwieweit sich hier der Standpunkt ändern wird. Schließlich wurde Aristoteles von seinen Nachfolgern auch missverstanden. So wurde eine Sache zwar folgerichtig (im Sinne von Aristoteles) mit ihrem Wesen und dieses mit dem Begriff gleichgesetzt, allerdings die Erfordernis einer empirischen Überprüfung von Sache und Begriff unterlassen. So konnte die Schulphilosophie die von Galilei entdeckten Sonnenflecken leugnen, da die Sonne ihrem Wesen nach als der allerhellste Körper definiert war und demzufolge keine Flecken aufweisen konnte.

Die große, geniale Arbeit Galileis bestand nun gerade darin, dass er die Physik auf einen Begriffsapparat stellte, der ihr den Schlüssel in die Hand gab zur Bewältigung all der gewaltigen Probleme, die sie in der Vergangenheit gelöst hat. Hierzu war jedoch ein ganz neues revolutionäres Denken erforderlich. Wir werden im Folgenden versuchen dies nachzuvollziehen.

# 1.1 Allgemeines Erkenntnisziel der Physik:

Die Physik will die Bewegungen ( d.h. Veränderungen ) beschreiben / erklären, denen die **unbelebten** Körper unterworfen sind.

## 1.2 Die allgemeinen Prinzipien Galileis:

Der gestellten Aufgabe stellt Galilei folgende allgemeine „Gedankenwerkzeuge" voraus:

1) Prinzip der Mathematisierung
   „Die Natur ist in mathematischen Lettern geschrieben"

2) Isolationsprinzip
   Ein Merkmal wird herausgegriffen und gesondert untersucht.

3) Superpositionsprinzip
   Alle nach dem Isolationsprinzip einzeln untersuchten Merkmale werden hier wieder zusammengesetzt.

*Beispiele:*
**Zu 1):**
> Galilei definiert den physikalischen Körper neu, indem er diesem nur belässt, was durch eine Zahl ausgedrückt werden kann (geometrische Abmessung, Masse). Alles andere, wie Farbe, Härte etc., wird ausgeschlossen (vgl. z.B. „Massepunkt").

**Zu 2) und 3):**
> In der Kostentheorie werden die fixen und variablen Kosten ideal isoliert, die Gesamtkosten erhält man dann durch Superposition.

*Bemerkungen :*
1. **Man erkennt hier das Platonische Ideal wieder: Wissenschaft wird nur insoweit möglich, als etwas sich in dauernder Einheit erhält. War dies aber bei Plato noch auf die Mathematik beschränkt, so wird es hier auf den physischen Körper ausgedehnt.**

2. **Die alte Physik glaubte das Ganze in seiner Einheit erfassen zu müssen. Galilei sagte, diese Sicht sei Gott vorbehalten. Der menschliche Geist sei hierzu viel zu schwach. Dem Gewirr der Empfindungen habe die gedankliche Auflösung und Verarbeitung in mathematische Formen vorauszugehen *(Methodo risolutivo und Methodo constitutivo)*.**

*Aufgabe:*
> *Nennen Sie zu den Prinzipien weitere Beispiele aus der Wirtschaftswissenschaft.*

# 1.3 DIE BEGRÜNDUNG DER KINEMATIK

**Kinematik** ⇨ allgemeine Bewegungslehre

## 1.3.1 Bewegungen

Galilei definiert Bewegung:
⇨ Ortsveränderung unter Zugrundelegung der ***gleichmäßig fließenden*** Zeit.

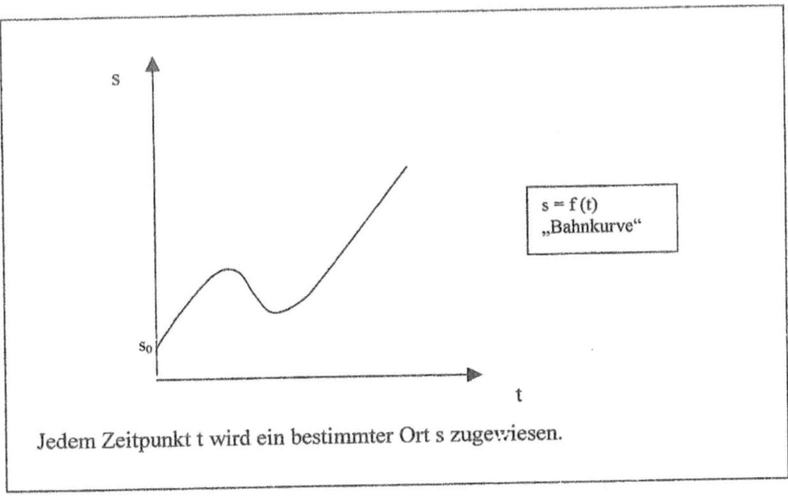


***Bemerkung:***
***1. Die Bewegung ist somit eine Funktion die Zeit und Ort verknüpft.***
***2. Gemäß dem allgemeinen Erkenntnisziel ist es somit die Aufgabe die Funktionsgleichung der jeweiligen Bewegung aufzustellen.***

Grundeinheiten:  LÄNGE ⇨ Grundeinheit: m (Meter)

Meter = 40 000 000`ste Teil des Erdumfangs

ZEIT ⇨ Grundeinheit: sec (Sekunde)

Sekunde = 86400`ste Teil eines mittleren Sonnentages

Hieraus abgeleitete Einheiten:

FLÄCHE ⇨ $m * m = m^2$

RAUM ⇨ $m * m * m = m^3$

## Exkurs: Zum Messen von Längen und Zeiten

Im Allgemeinen erfolgt das Messen von Längen durch Anlegen eines Maßstabes, das von Zeiten durch Uhren. Hierbei können sich jedoch Komplikationen ergeben.

### „GROSSE" LÄNGEN:

Eine Möglichkeit besteht im Festlegen von Dreiecken.
Beispiel: Man peilt von den entgegengesetzten Äquatorenden den Mond an und bestimmt so dessen Entfernung zur Erde.
Welches Dreieck könnte man zur Bestimmung der Entfernung Erde – Sonne festlegen?

### „KLEINE" LÄNGEN:

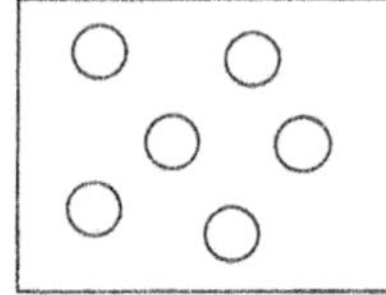

Man beschießt zur Bestimmung der Größe der Löcher die gesamte Fläche mit genügend kleinen Körpern. Kennt man die Größe der Gesamtfläche, die Anzahl der Löcher und das Verhältnis der Anzahl der Geschosse, die die Löcher passiert haben zur Anzahl der Geschosse insgesamt, so kann man auf die Größe der Löcher schließen (Bestimmung des Atomdurchmessers usw.).

### „LANGE" ZEITEN:

Radioaktive Körper zerfallen zur Hälfte von ihrer Ausgangsmenge in andere Körper („Halbwertszeit"). Kennt man den Anteil des neuen Körpers, so kann man auf den Zeitpunkt des Eintritts des Zerfalls rückschließen ($CO_{14}$ – Methode bei Fossilien).

### „KURZE" ZEITEN:

Gewisse Elementarteilchen haben nur die Lebensdauer von Bruchteilen von Sekunden. Da sie sich mit Lichtgeschwindigkeit bewegen, kann man aus ihrer Bahnlänge auf ihre Lebensdauer schließen ($v = \frac{s}{t}$).

*Afg. 1:*   ***Analysieren Sie folgende typische Bewegungen***

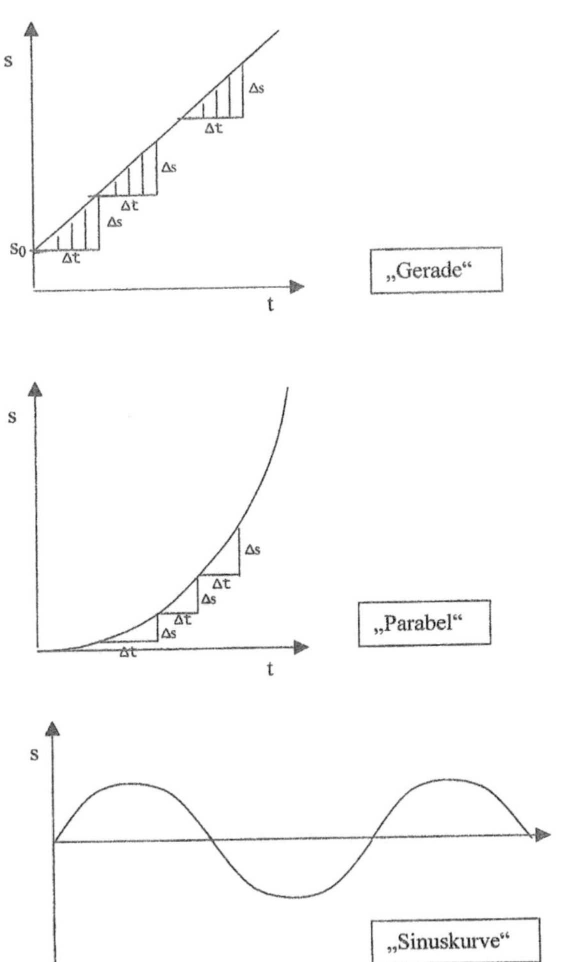


<u>Merke</u>: Bewegt sich der Körper nur in einer Dimension, so sprechen wir von einer linearen Bewegung

*Afg. 2:*   ***Analysieren Sie das Paradoxon von Achilles und der Schildkröte:***
***Diese habe einen Vorsprung von beispielsweise 100 m. Achilles läuft zehnmal***
***so schnell. Hat Achilles die 100 m zurückgelegt, so ist die Schildkröte bei 110 m.***
***Ist Achilles dort, so ist diese bei 111,1 m usw. Also kann Achilles die Schildkröte***
***nie einholen.***

# 1.3.2 DAS GESETZ DER UNGESTÖRTEN ÜBERLAGERUNG VON BEWEGUNGEN:

Ein Fluss fließe mit 2 Meter pro Sekunde, ein Boot überquere diesen senkrecht zur
Fließrichtung mit 3m pro Sekunde. Man analysiere die zusammengesetzte Bewegung, die ein
Beobachter am Flussufer registriert.

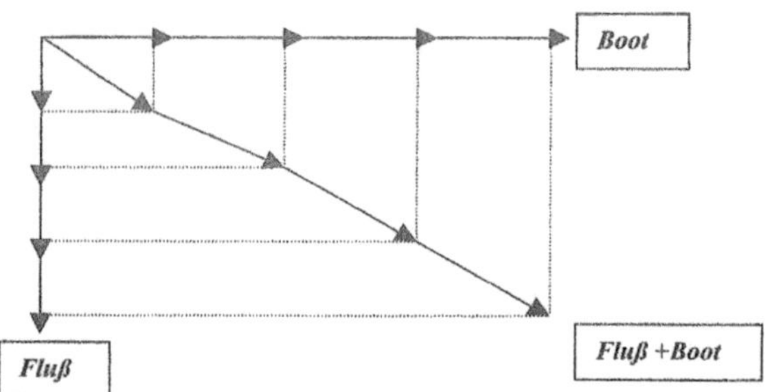


Eine Bewegung wird gedanklich in mehrere einzelne Bewegungen zerlegt
(**Isolationsprinzip**), die tatsächliche Bewegung erhalten wir dann durch Überlagerung der
jeweiligen Bewegungen (**Superpositionsprinzip**).

**Allgemein:** Bewegungen überlagern sich ungestört („**Gesetz der ungestörten Überlagerung
von Bewegungen**").

Aus dem Gesetz der ungestörten Überlagerung folgt:
**Wegstrecken s müssen vektoriell addiert werden.**

Der Weg ist ein Vektor: $\vec{s}$

**Exkurs:** **Grundlagen der Vektorrechnung:**

**Ein Vektor drückt Länge, Richtung, Orientierung aus.**

*Gleichheit:*

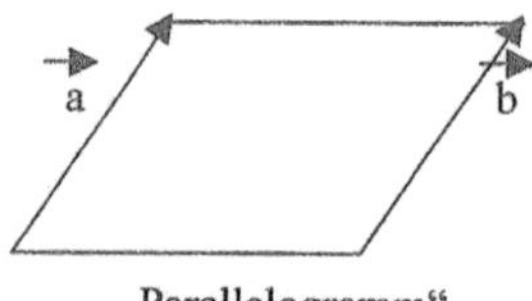


Gleichheit liegt genau dann vor, wenn
die Vektoren sich wie angegeben zum
Parallelogramm ergänzen lassen.

„Parallelogramm"

*Addition:*

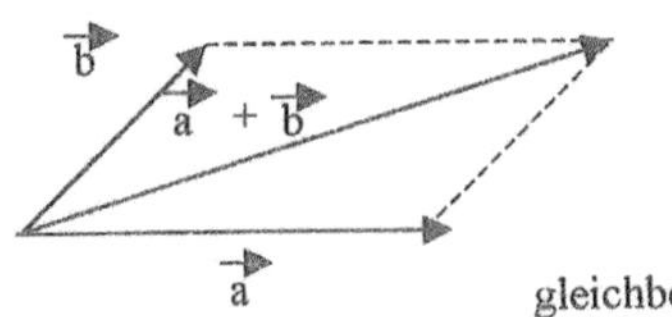
gleichbedeutend:
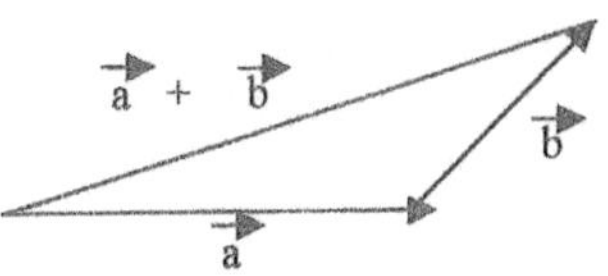

(vgl. das Gesetz der ungestörten Überlagerung von Bewegungen)

**Rechenregelen:**

(KG) $\vec{a} + \vec{b} = \vec{b} + \vec{a}$
„Kommutativgesetz"

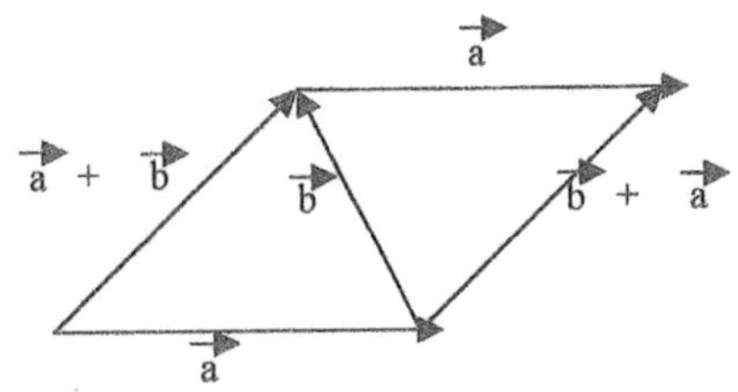

(AG) $(\vec{a} + \vec{b}) + \vec{c} = \vec{a} + (\vec{b} + \vec{c})$
„Assoziativgesetz"

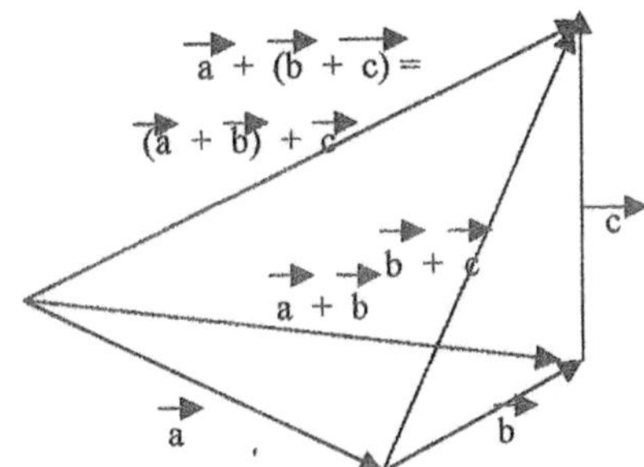

**Definition:**   Nullvektor: $\vec{0}$
„Pfeil" der Länge 0

**Offenbar gilt:**
(N)   $\vec{a} + \vec{0} = \vec{a}$   "neutrales Element"

Das inverse Element liefert bei der Anwendung das Neutrale

$$(I) \qquad \vec{a} + (-\vec{a}) = \vec{0} \qquad \text{"inverses Element"}$$

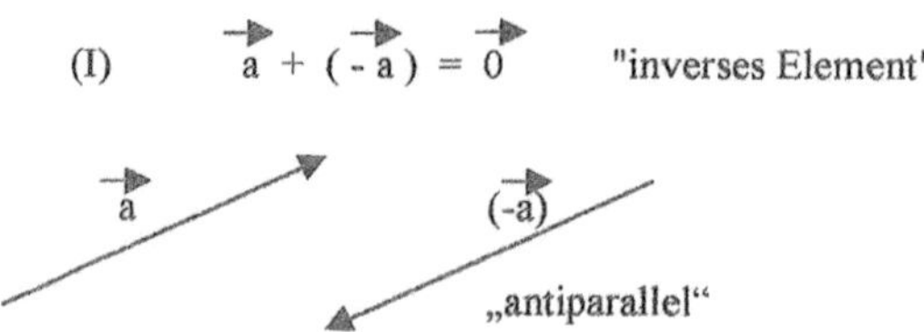



**Folgerung:** Da dieselben Rechenregeln wie im Bereich $\mathbb{Z}$ der ganzen Zahlen gelten, kann man mit Vektoren rechnen wie in der Addition in $\mathbb{Z}$.

*Definition:* $\vec{a} - \vec{b} = \vec{a} + (-\vec{b})$

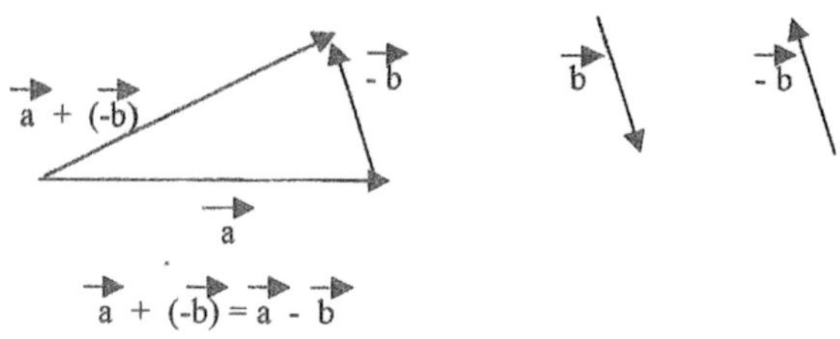



*Betrag eines Vektors:*

$\left| \vec{a} \right|$ bzw. a: Länge des Vektorpfeils

*Bemerkung:* *Bei linearen Bewegungen (eindimensionalen Bewegungen) fällt das Rechnen mit Vektoren mit dem üblichen Zahlenrechnen zusammen, wir lassen dann die Vektorpfeile weg.*

*Skalarmultiplikation:*

Sei $\lambda \in \mathbb{R}$, $\vec{a}$ ein Vektor

$\lambda \vec{a}$ : Vektor der Länge $\lambda$ a,

     ( a Länge von $\vec{a}$)

     gleichgerichtet, falls $\lambda > 0$, entgegengesetzt sonst.

**Beispiel:**

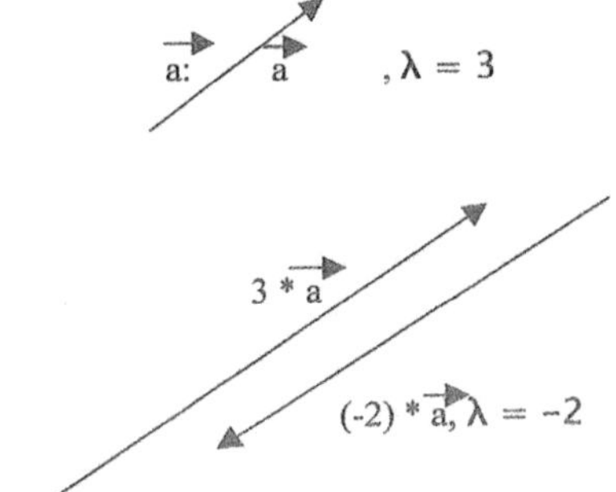



## Aufgaben:

**Afg. 1:**   Interpretieren Sie die obigen Rechengesetze physikalisch.

**Afg. 2:**   Zeigen Sie: Für Vektoren ist die Gleichung $\vec{a} + \vec{x} = \vec{b}$
stets lösbar.

### 1.3.3 BEWEGUNGSMAßE

1. Geschwindigkeit:

$$\vec{v} = \frac{\vec{s_2} - \vec{s_1}}{t_2 - t_1} = \frac{\Delta \vec{s}}{\Delta t}$$

Somit gibt die Geschwindigkeit den Wegzuwachs pro Zeiteinheit an.

Einheit:   $\dfrac{m}{sec}$

Lineare Bewegung:
1)

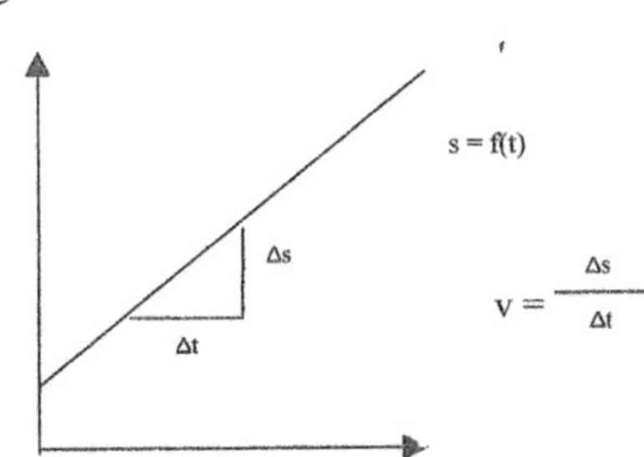

2)

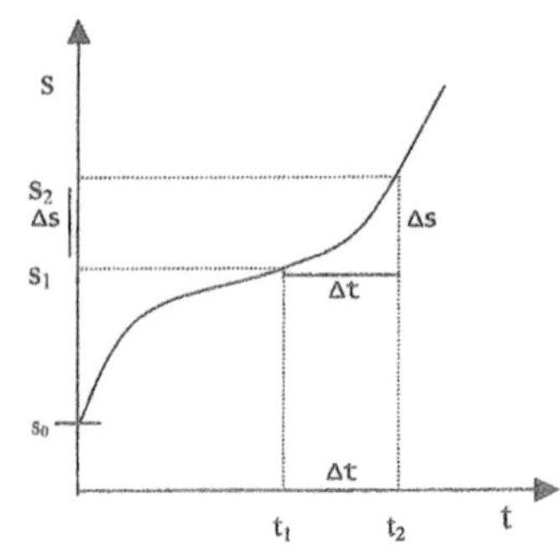

$$v = \frac{\Delta s}{\Delta t}$$

„Durchschnittsgeschwindigkeit"

Für die Momentangeschwindigkeit verkleinern wir $\Delta t$ und schreiben für „unendlich" kleine Differenzen: $\vec{v} = \dfrac{d\vec{s}}{dt}$

**Merke:** Die Geschwindigkeit ist ein Vektor,

**Denn:** Der Weg ist ein Vektor, die Differenz zweier Vektoren ergibt wiederum einen Vektor. Die Zeit ihrerseits hängt nicht von der Richtung ab, sie wird durch eine Zahl ausgedrückt und ist ein Skalar. Da die Multiplikation eines Vektors mit einem Skalar wieder einen Vektor ergibt, ist die Geschwindigkeit tatsächlich ein Vektor.

## 2. Beschleunigung:

$$\vec{a} = \frac{\vec{v_2} - \vec{v_1}}{t_2 - t_1} = \frac{\vec{\Delta v}}{\Delta t}$$

Einheit: $\dfrac{\frac{m}{sec}}{sec} = \dfrac{m}{sec^2}$

<u>Tangentialbeschleunigung:</u>

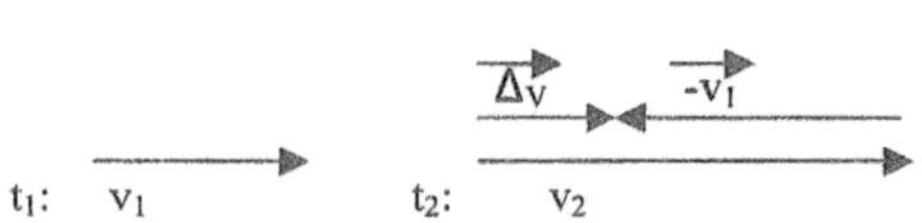


**„Betrag nimmt zu, Richtung bleibt gleich"**

## Normalbeschleunigung:

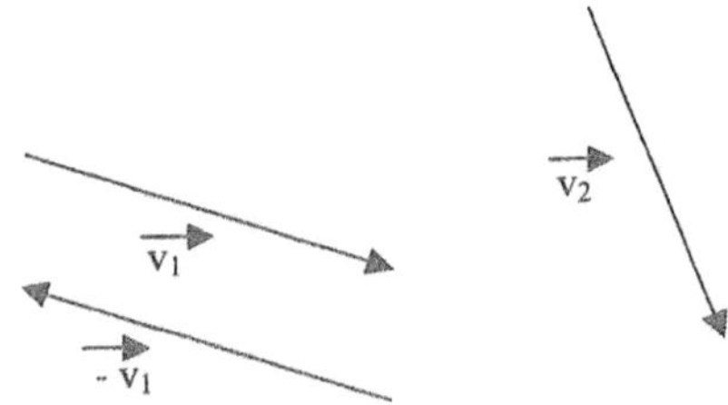

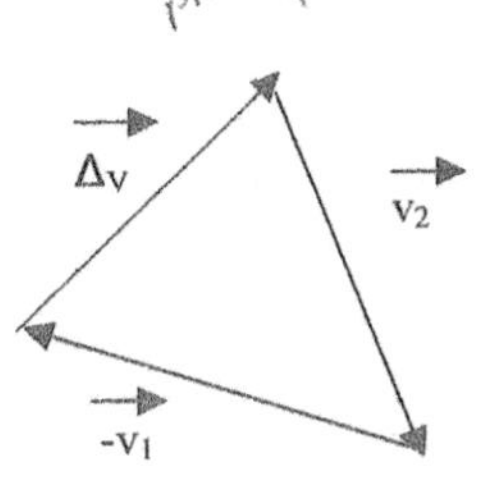


**„ Betrag bleibt gleich, Richtung ändert sich"**


## *Aufgaben:*

*Afg. 1:*     *Was bedeutet konkret die Beschleunigung?*

*Afg. 2:*     *Begründen Sie: Die Beschleunigung ist ein Vektor!*

*Afg. 3:*     *Nennen Sie Beispiele, wie ein Beobachter die Tangentialbeschleunigung bzw.*
*die Normalbeschleunigung feststellen kann.*

*Afg. 4:*     *Ein Massepunkt vollführt gleichzeitig zwei gleichförmige Bewegungen mit den*
*Geschwindigkeitsbeträgen*       $v_1 = 20\ km/h$
      $v_2 = 30\ km/h$

*Die Bewegungsbahnen schließen den spitzen Winkel von 45° miteinander ein.*
*Mit welcher resultierenden Geschwindigkeit bewegt sich der Massepunkt?*
*(Betrag und Richtung).*

*Afg. 5:*     *Ein Dampfer fährt mit der Geschwindigkeit $v_D = 30\ km/h$ nach Nordosten;*
*gleichzeitig weht ein Nordwestwind mit der Geschwindigkeit $v_W = 40\ km/h$.*
*Welche Richtung hat die Rauchfahne des Dampfers?*
*Geben Sie die gesuchte Richtung als Abweichung von der Nordrichtung an!*

## 1.3.4 Fundamentale Bewegungstypen

### 1. Gleichförmige Bewegung

Definition:  $s = f(t)$ sei eine Bewegung

$s = f(t)$ heißt gleichförmige Bewegung

$\Leftrightarrow v = \text{constant}$

Bahnkurve:  Es gilt: $v_0 = \dfrac{s}{t}$

Also:  $s = v_0 * t$

Allgemein:  $s = v_0 * t + s_0$

**Bemerkung: Offenbar bedeutet $s_0$ den Anfangspunkt.**

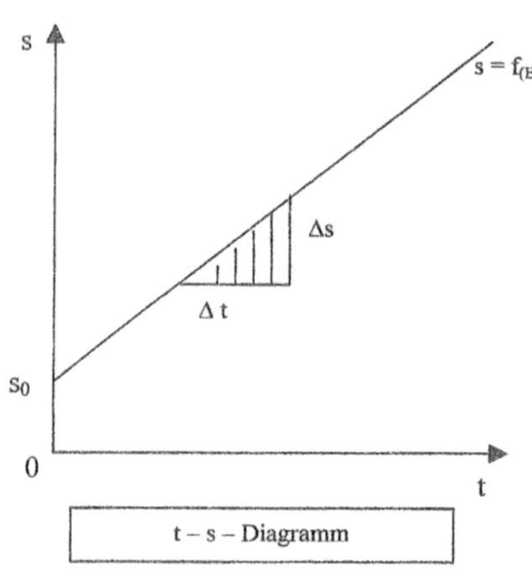


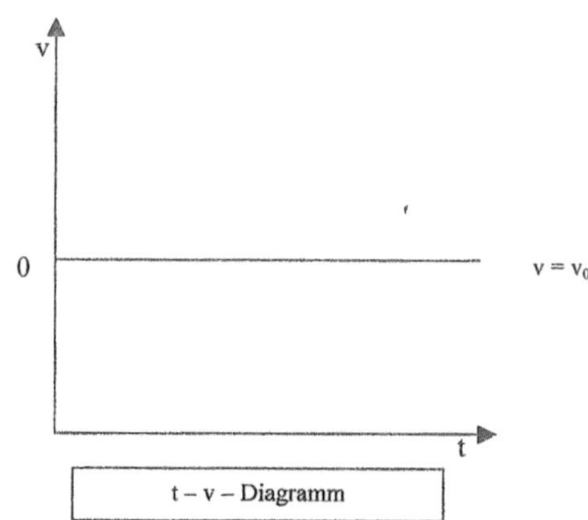

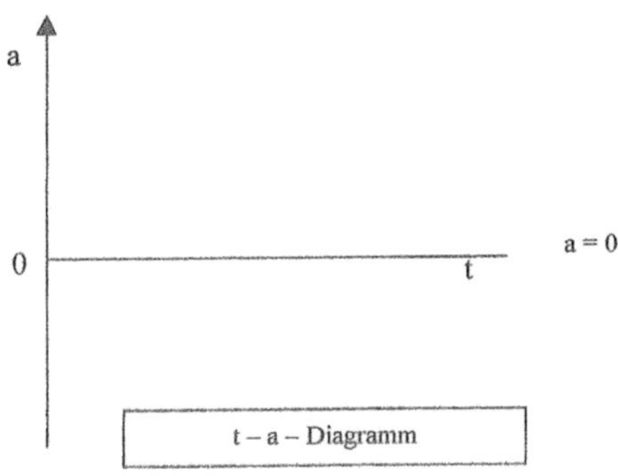


**Aufgaben:**

**Afg. 1:** Berechnen Sie den Abstand Erde – Sonne in km.

Lichtgeschwindigkeit: 300000 km/sec. Das Licht benötigt von der Sonne zur Erde ca. 500 Sekunden.

**Afg. 2:** Berechnen Sie die Geschwindigkeit, die ein Punkt am Äquator bei der Drehung der Erde relativ zum Erdmittelpunkt erfährt.

**Afg. 3:** Ein Auto fährt mit der gleichförmigen Geschwindigkeit 60,0 km/h. Welchen Weg legt es dabei in 1,00 sec. zurück?

**Afg. 4:** Die Geschwindigkeit des Schalls in der Luft betrage 340 m/sec. In welcher Zeit legt der Schall die Strecke 5,00 km zurück?

**Afg. 5:** Der TEE ≻Bavaria≺ fährt um 17:48 h von München ab und kommt um 20:00 h in der 221 km entfernten Stadt Lindau an. Wie groß ist die Durchschnittsgeschwindigkeit des Zuges?

**Afg. 6:** Zwei Modellwagen bewegen sich mit verschiedenen gleichförmigen Geschwindigkeiten. Von einer bestimmten Zeit $t_0 = 0$ sec an, werden alle zwei Sekunden die Wegstrecken gemessen, welche die Wagen ab der Zeit $t_0$ zurückgelegt haben.

| | | t | 0 | 2 | 4 | 6 | 8 | 10 | sec |
|---|---|---|---|---|---|---|---|---|---|
| 1. Wagen | $s_1$ | | 0 | 4 | 8 | 12 | 16 | 20 | cm |
| 2. Wagen | $s_2$ | | 0 | 3 | 6 | 9 | 12 | 15 | cm |

Zeichnen Sie das ≻Weg – Zeit – Diagramm≺ und das

≻Geschwindigkeits – Zeit – Diagramm≺ der beiden Bewegungen.

## 2. *Gleichmäßig beschleunigte Bewegung*

Def:  Eine Bewegung heißt gleichmäßig beschleunigt, genau dann, wenn gilt:

$$a = a_0 = \text{constant}$$

*Also:* $\qquad a = \dfrac{v}{t} = \dfrac{\text{Geschwindigkeit}}{\text{Zeit}}$

*Daraus folgt:* $\qquad v = a * t \quad (*)$

„ 1. GRUNDGLEICHUNG"

### Bahnkurve:

Aus ($*$) folgt:

v nimmt mit der Zeit linear zu:

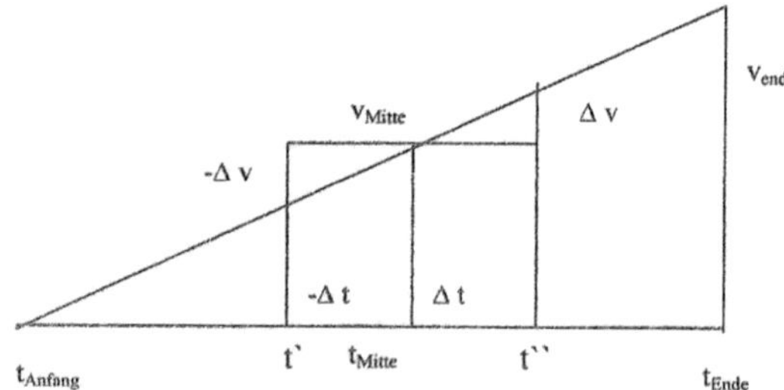


*Weiter:*

Zum Zeitpunkt $t^{``}$ nimmt die Geschwindigkeit um $\Delta v$ gegenüber $v_{Mitte}$ zu; hierdurch gewinnt der Körper eine gewisse Wegstrecke gegenüber einer Bewegung, die mit der konstanten Geschwindigkeit – $v_{Mitte}$ – durchgeführt worden wäre. Um genau dieselbe Strecke blieb er aber gegenüber dieser Bewegung im Zeitpunkt $t^{`}$ zurück. Insgesamt legt er also dieselbe Strecke zurück, als wenn er konstant die Geschwindigkeit – $v_{Mitte}$ – beibehalten hätte. Hieraus folgt:

$$s_{end} = v_{mitte} * t_{end}$$

$$\Leftrightarrow \quad s_{end} = \left(\frac{1}{2} v_{end}\right) * t_{end}$$

$$\Leftrightarrow \quad s_{end} = \left[\frac{1}{2}\, (a * t_{end})\right] * t_{end} \qquad \text{(denn: } v = a * t)$$

Also: $\qquad s_{end} = \dfrac{1}{2}\, a * t_{end}^{\,2}$

oder: $\qquad s = \dfrac{a}{2} t^2$

Allgemein: $s = \dfrac{a}{2} t^2 + v_0 t + s_0$

„ 2. GRUNDGLEICHUNG"

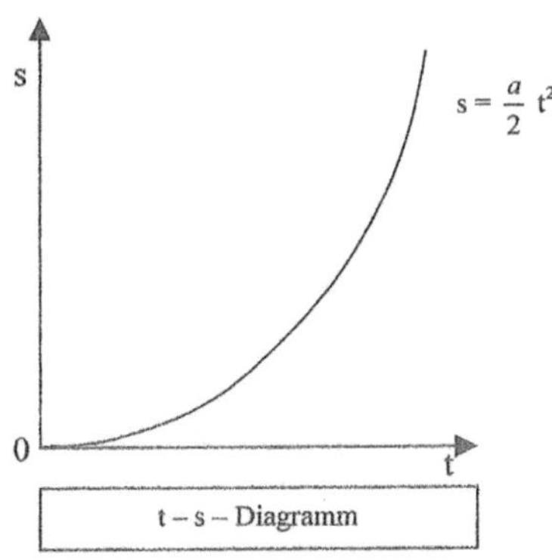


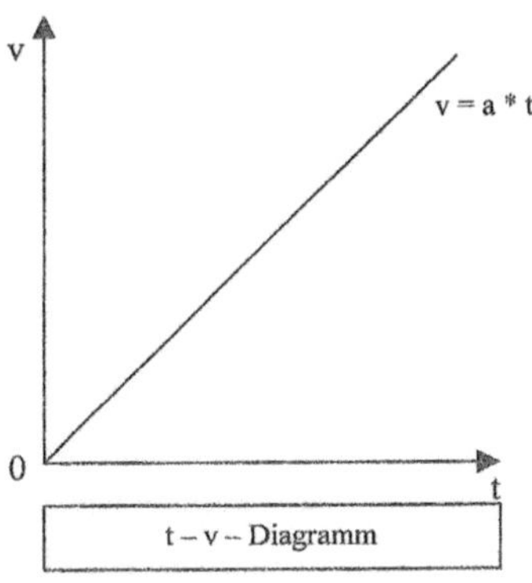


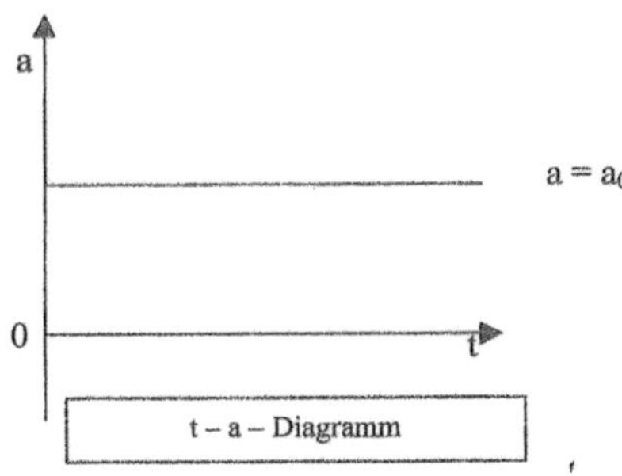


**Schließlich gilt:**

$$a * s = \frac{1}{2}\, v^2$$

„3. GRUNDGLEICHUNG"

**Aufgaben:**

Afg. 1:   Beweisen Sie die 3. Grundgleichung $a * s = \frac{1}{2} v^2$

Afg. 2:   Eine Lokomotive vergrößert ihre Geschwindigkeit von 2,0 m/sec auf 4,7 m/sec innerhalb von 3,0 sec.

Wie groß ist ihre (gleichmäßige) Beschleunigung?

Afg. 3:   Ein Flugzeug, das eine gleichmäßige Beschleunigung von 1,8 m/sec$^2$ hat, kommt nach 20 sec vom Boden frei.

Berechnen Sie die Länge der Startstrecke:

Afg. 4:   Ein Geschoss legt beim Abschuss einen 70 cm langen Weg in $1,5 *10^{-3}$ Sekunden zurück. Berechnen Sie die Beschleunigung sowie die Geschwindigkeit, die das Geschoss nach dieser Beschleunigungsstrecke hat.

Afg. 5:   Ein Modellwagen bewegt sich beschleunigt. Von einem bestimmten Zeitpunkt $t = 0$ an werden jeweils nach einer Sekunde die Wegstrecken gemessen, die der Wagen von diesem Zeitpunkt ab zurückgelegt hat.

| t | 1 | 2 | 3 | 4 | 5 | 6 | sec |
|---|---|---|---|---|---|---|-----|
| s | 2 | 8 | 18 | 32 | 50 | 72 | cm |

a) Zeichnen Sie das ≻Weg – Zeit – Diagramm≺.

b) Berechnen Sie die Beträge der Einzelgeschwindigkeiten in den Zeitintervallen von einer Sekunde.

Wie kann man diese Geschwindigkeit im Weg – Zeit – Diagramm darstellen?

c) Berechnen Sie die Durchschnittsgeschwindigkeit im Intervall von 0 – 6 Sekunden.

d) Stellen Sie die Einzelgeschwindigkeiten und die Durchschnittsgeschwindigkeit im ≻Geschwindigkeits – Zeit – Diagramm≺ dar.

e) Berechnen Sie die Beträge der Beschleunigung als ≻Geschwindigkeitszunahme je Sekunde≺.

f) Zeichnen Sie das Beschleunigungs – Zeit – Diagramm.

# 1.4 Das Prinzip der Zeitsymmetrie

Wenn ein Körper nur der Schwerkraft unterliegt, so ist jeder physikalische Vorgang, sowohl in die Vergangenheit als auch in die Zukunft gerichtet, denselben Gesetzen unterworfen.

***Oder:*** Mit rein physikalischen Mitteln ist in diesem Fall nicht entscheidbar, in welche Zeitrichtung der Vorgang abläuft.

FOLGERUNG 1:

Erteilt man einem Körper am Boden eine gewisse Geschwindigkeit noch oben, so erreicht er genau diejenige Höhe, aus der er fallen müsste um beim Auftreffen am Boden dieselbe Geschwindigkeit zu erreichen.

*FOLGERUNG 2:*

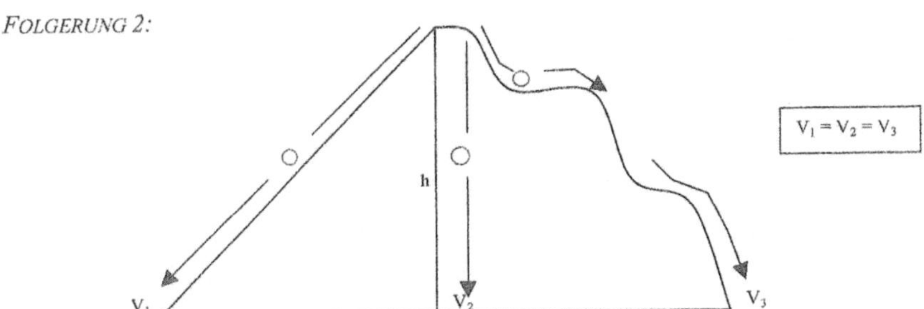


Die Endgeschwindigkeit hängt lediglich von der Fallhöhe und nicht vom durchfallenden Weg ab. Gäbe es nämlich einen Fallweg, bei dem der Körper eine größere Geschwindigkeit erreicht, so könnte er nach Folgerung 1 auf eine größere Höhe gehoben werden als die, aus der er gefallen wäre. Wäre die Geschwindigkeit geringer, würde er eine geringere Höhe erreichen. Wir betrachten den nach dem Prinzip der Zeitsymmetrie möglichen umgekehrten Vorgang und kommen zum selben Widerspruch.

Experimentelle Überprüfung:

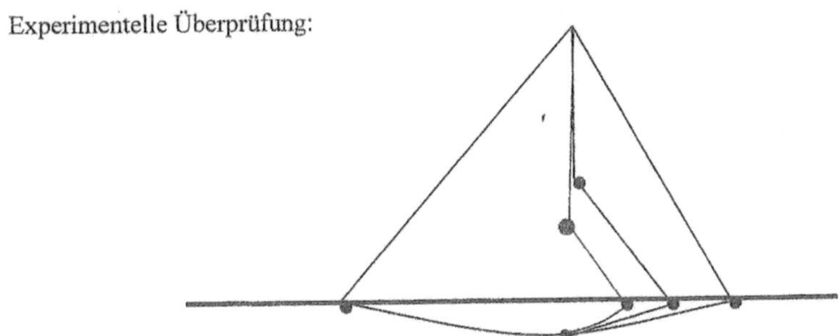

Solange das Pendel nur der Schwerkraft unterworfen ist, erreicht es stets dieselbe Höhe. Wird durch das Einschlagen von Nägeln der Fall- bzw. Steigweg verändert, so wird unabhängig vom Weg stets dieselbe Höhe wieder erreicht

*FOLGERUNG 3:*

**Ein Körper, der keinen äußeren Einwirkungen unterworfen ist, führt eine „gleichförmige Bewegung" aus „TRÄGHEITSSATZ".**

Begründung:  Er muss jederzeit in der Lage sein die der Geschwindigkeit v entsprechende Steighöhe zu erreichen.

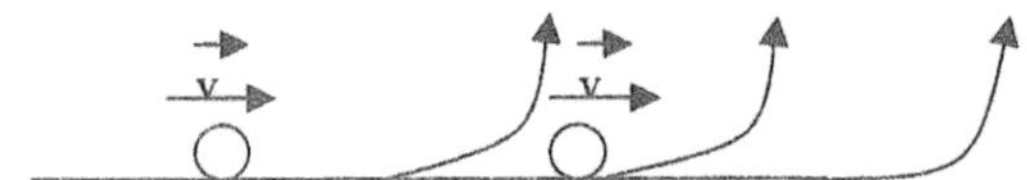

**Aufgaben:**

**Afg. 1:  Laufen alle Vorgänge in der Natur zeitsymmetrisch ab?**

**Afg. 2:  Für die Antike war es praktisch nicht verständlich, weshalb ein Speer, nachdem er die Hand verlassen hatte, weiterflog.**

**Welche Kraft sollte hier wirksam sein?**

**Afg. 3:  Ein Argument im 16. Jahrhundert gegen die Drehung der Erde war folgendes: „Wirft man einen Stein senkrecht nach oben, so müßte sich bis zum Aufkommen desselben die Erde weiterdrehen, so dass die Drehung nachgewiesen werden könnte?"**

**Afg. 4:  Ist der Trägheitssatz mit der Aussage dés Aristoteles über die beiden idealen Bewegungen (geradlinige und kreisförmige) vereinbar (vgl. Seite 1)?**

**Worauf beruht diese Aussage?**

# 1.5 DIE METHODE GALILEIS

Nachstehendes prinzipielles Vorgehen zur Erfassung wissenschaftlicher Tatbestände hat Galilei eingeführt.

1. AUFSTELLEN EINER HYPOTHESE
2. ÜBERPRÜFUNG DER HYPOTHESE DURCH DAS EXPERIMENT
3. FORMULIERUNG DER HYPOTHESE IN EINER MATHEMATISCHEN FORMEL
4. ÜBERPRÜFUNG DER FORMEL

Ganz im Sinne Platons stellt Galilei eine allgemeine Idee (Hypothese) der eigentlichen Untersuchung voraus. Das konkret Einzelne wird dann geprüft, inwiefern es dieser entspricht. Restlos erkannt ist es jedoch erst, wenn es gemäß einer mathematischen Formel mit einer bereits bekannten Tatsache zu einem Bande verknüpft ist.

Diese Methode ist nicht nur für die Physik bis zum heutigen Tag verbindlich, sie wurde auch für alle anderen Wissenschaften, soweit sie Exaktheit für sich in Anspruch nehmen, beispielhaft.

### Beispiel aus der Volkswirtschaftslehre

**Hypothese:** Die gesamtwirtschaftliche Entwicklung ist einer ständigen Auf- bzw. Abwärtsentwicklung unterworfen (Konjunkturzyklen).

**Überprüfung:** Anhand statistischer Daten der vergangenen Jahre

**Formel:** Variante einer Sinuskurve

**Überprüfung:** Anhand der statistischen Daten

**Aufgabe:**
**Afg. 1:** Nennen Sie weitere Beispiele!

# 1.6 DIE BEGRÜNDUNG DER DYNAMIK

**Dynamik** ⇨ Lehre der Bewegungen, die die Körper tatsächlich in der Natur unter dem Einfluss einer bestimmten Kraft ausführen.

## 1.6.1 DER FREIE FALL

**Jetzt sind wir in der Lage das erste bekannte physikalische Gesetz zu analysieren.**

Hypothese: ***Sind die Körper nur der Schwere unterworfen, so fallen alle Körper gleich schnell.***

Experimentelle Überprüfung (der Hypothese):

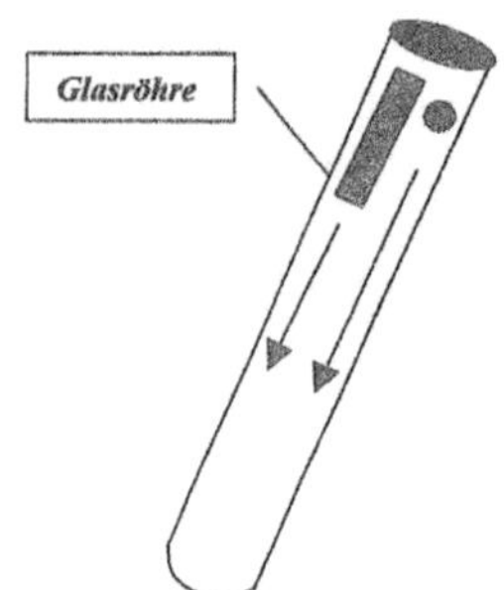


In einer Glasröhre fallen 2 Körper unterschiedlicher Masse verschieden schnell. Anschließend wird die Röhre evakuiert; beide Körper fallen nun gleich schnell und der zunächst festgestellte Unterschied ist auf den Luftwiderstand zurückgeführt.

Mathematische Formel:

**Bemerkung:** $a \sim b$
„proportional"

$$\underset{\text{Def.}}{\Leftrightarrow} \quad \frac{a}{b} = \lambda \Leftrightarrow a = \lambda * b$$

(lambda)

**Galilei nimmt dann an:**

$$v \sim t$$
$$\Leftrightarrow \quad v = g * t \qquad \text{(Definition der Proportionalität)}$$
$$\Leftrightarrow \quad s = \frac{g}{2} t^2 \qquad \text{„Bahngleichung"} \quad \text{(vgl. 1.3.4)}$$

d.h.: Es liegt eine gleichmäßig beschleunigte Bewegung vor.

Experimentelle Überprüfung (der mathematischen Formel):
Nach dem Prinzip der Zeitsymmetrie (aus dem folgt, dass die Fallgeschwindigkeit nur von der Fallhöhe und nicht vom durchfallenden Weg abhängt) kann die Fallbewegung anhand der verzögerten Bewegung auf der schiefen Ebene analysiert werden.

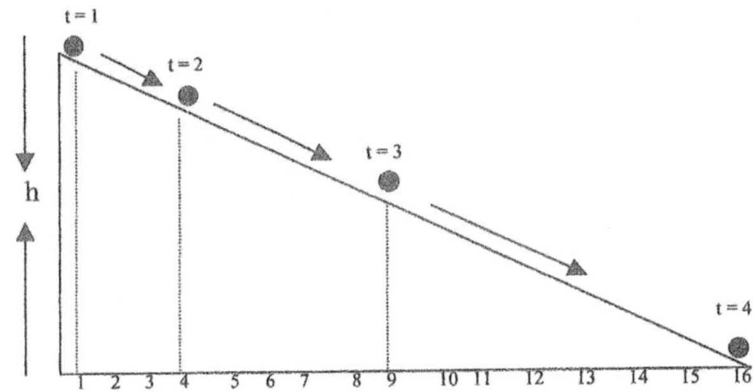


Das Experiment bestätigt:     $s \sim t^2$        Also:   $s = \dfrac{g}{2} t^2$

**Bestimmung von g (Fallbeschleunigung):**

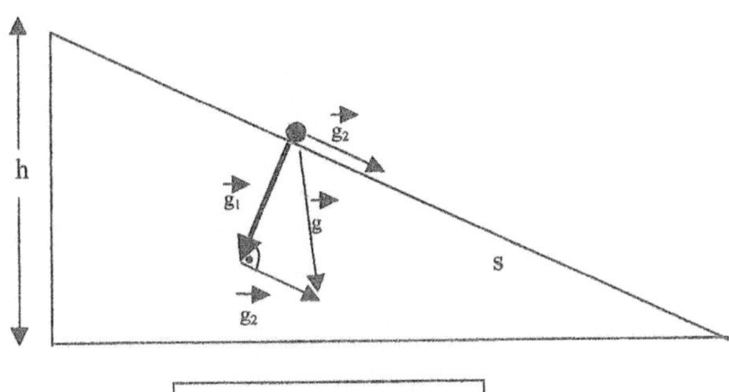


Wir zerlegen die Beschleunigung $\vec{g}$ in Komponenten:

$$\vec{g} = \vec{g_1} + \vec{g_2}, \qquad \vec{g_1} \perp \vec{g_2} \text{ (senkrecht)}$$

Dann bewirkt $\vec{g_2}$ die Beschleunigung in Richtung der schiefen Ebene.
Aus der Ähnlichkeit der Dreiecke folgt:

$$\frac{g_2}{g} = \frac{h}{s} \qquad \Leftrightarrow \qquad g = g_2 * \frac{s}{h}$$

s, h können an der schiefen Ebene gemessen werden, $g_2$ ermittelt man aus dem Experiment, hieraus ergibt sich dann:

$$g = 9{,}81 \, \frac{m}{sec^2} \approx 10 \, \frac{m}{sec^2}$$

„Fallbeschleunigung"

*Bemerkungen:*
1. *Nach der alten Physik sollte jeder Körper, jeder Vorgang gemäß seinem eigenen Wesen nach bestimmt werden. Galilei bestreitet, daß das Wesen überhaupt erkannt werden könne. Er wisse insbesondere nicht, was das Wesen der Schwere sei. Er könne nur angeben wie die Körper fallen, dafür gewinne er aber die Sicherheit in der Erkenntnis.*

2. *Man sieht, wie Galilei bei der Formulierung der mathematischen Regel auf den zuvor in der allgemeinen Kinematik bereitgestellten „Ideenvorrat" zurückgreifen kann.*

## Aufgaben:

**Afg. 1:** Ein Körper fällt aus einer Höhe von 110 m frei herab.

Nach welcher Zeit trifft er am Boden auf und wie groß ist die

Auftreffgeschwindigkeit? ($g = 9{,}81$ m/sec$^2$)

**Afg. 2:** Ein Stein fällt von einem Turm herab.

Welche Strecke hat er nach 4,5 sec bzw. 9,00 sec zurückgelegt und welche

Geschwindigkeit hat er zu diesen Zeiten?

($g = 9{,}81$ m/sec$^2$)

**Afg. 3:** Ein von einer Felswand frei herabfallender Stein kommt mit der

Geschwindigkeit 120 km/h am Boden an.

Wie hoch ist die Felswand, wie lang war die Fallzeit? ($g = 9{,}81$ m/sec$^2$)

# 1.6.2 DER WAAGRECHTE WURF

Ein Körper werde von der Anfangshöhe $h_0$ mit der Anfangsgeschwindigkeit $v_0$ in waagrechter Richtung abgeworfen.

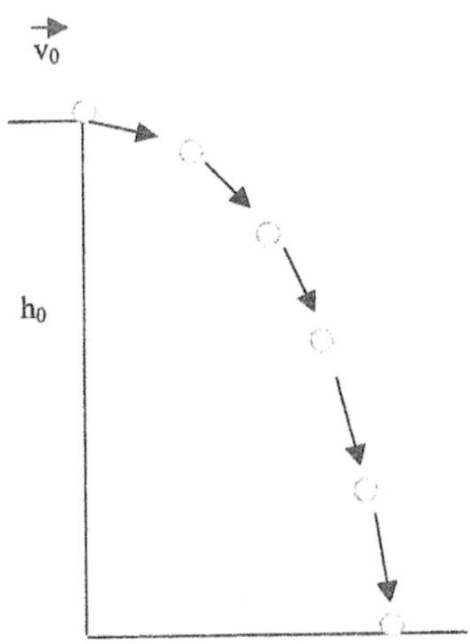


**Wir zerlegen die tatsächliche Bewegung gedanklich in 2 Komponenten (Isolationsprinzip).**

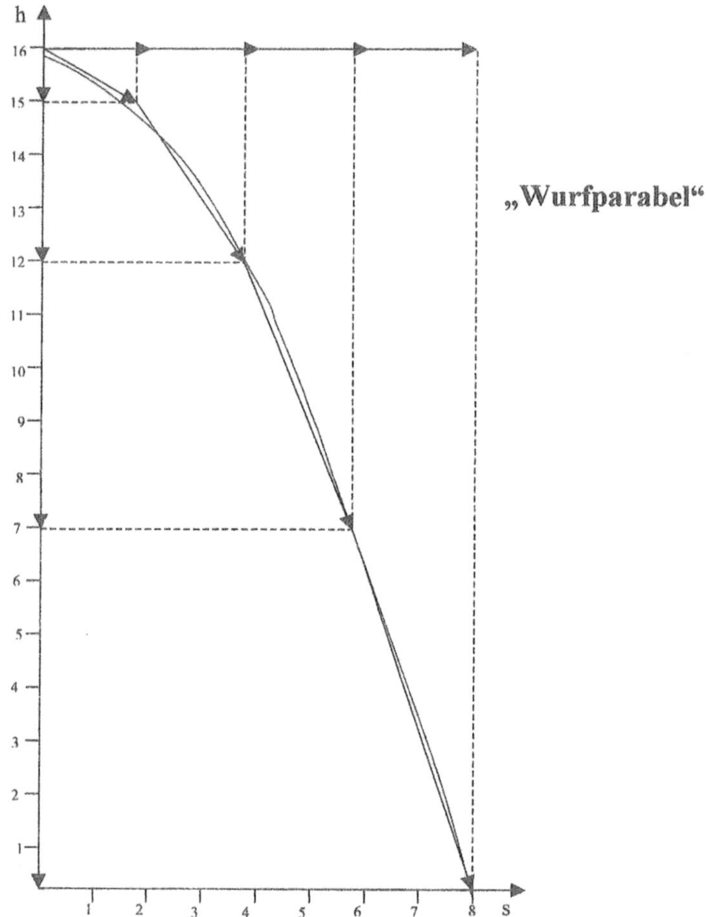



*WAAGRECHTE KOMPONENTE:*

1.   $s = v_0 * t$     „Trägheitssatz"
„gleichförmige Bewegung"

*SENKRECHTE KOMPONENTE:*

2.   $h = -\dfrac{g}{2}t^2 + h_0$     „freier Fall"

Die tatsächliche Bewegung erhalten wir dann durch Vektoraddition
(Superpositionsprinzip).

*AUS 1 FOLGT:*

$$s^2 = (v_0 * t)^2 = v_0{}^2 * t^2$$

$$\Leftrightarrow t^2 = \frac{s^2}{v_0{}^2}$$

*EINSETZEN IN 2:*

$$h = -\frac{g}{2\,v_0{}^2} * s^2 + h_0$$

„Wurfparabel"

Insbesondere folgt, dass der Körper in einer Zeit den Boden erreicht, die unabhängig von der Anfangsgeschwindigkeit $v_0$ ist.

## Aufgaben:

**Afg. 1:** Welche Geschwindigkeit muss ein Springer beim Absprung auf dem 10m-Turm haben, wenn er genau 1,5m nach der Brettkante im Wasser aufkommen möchte?

**Afg. 2:** Ein Hilfsflugzeug fliegt mit einer Geschwindigkeit von 720 km/h in einer Höhe von 2000 m.

Wieviel Meter vor dem Zielort müssen die Hilfsgüter abgeworfen werden?

**Afg. 3:** Aus welcher Höhe muss ein Geschoss mit der Geschwindigkeit v = 100 m/sec waagrecht abgeschossen werden, damit die Schussweite 200 m beträgt?

# 1.6.3 DER SCHIEFE WURF

Ein Körper werde unter dem Winkel $\alpha$ gegen die Horizontale abgeworfen. Die Anfangsgeschwindigkeit betrage $v_0$.

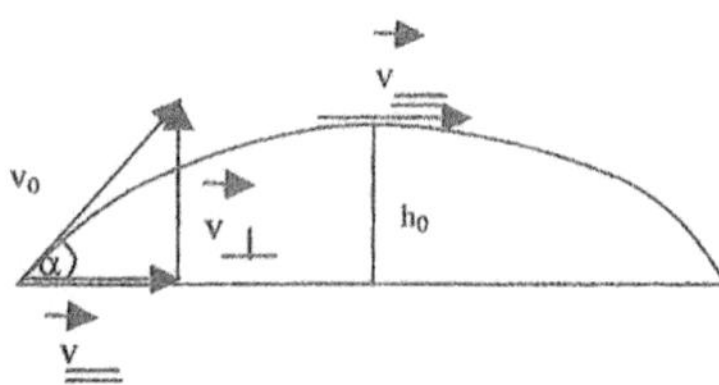

**Also:** Der Körper steigt zunächst an und erreicht dann die maximale Höhe $h_0$. Ab hier kann die Bahn nach den Prinzipien des waagrechten Wurfes behandelt werden, nach dem Prinzip der Zeitsymmetrie muss die rückläufige Bewegung ebenso ablaufen, weshalb man für den Anfangsteil ebenfalls eine Parabel erhält.

**Steigzeit:**
Wir zerlegen $\vec{v_0}$ in eine senkrechte und eine waagrechte Komponente.

$$\vec{v_0} = \vec{v_\parallel} + \vec{v_\perp}$$

**Dabei gilt:** $\sin(\alpha) = \dfrac{v_{senkrecht}}{v_0} \Leftrightarrow v_\perp = \sin(\alpha) * v_0$

$$\cos(\alpha) = \dfrac{v_{waagrecht}}{v_0} \Leftrightarrow v_\parallel = \cos(\alpha) * v_0$$

**Aus** $\qquad v = a * t \qquad$ **folgt:**

$$v_\perp = g * t \Leftrightarrow \sin(\alpha) * v_0 = g * t$$

**Erg:** $\qquad t = \dfrac{\sin\alpha * v_0}{g}$

$$\text{„Steigzeit"}$$

**Wurfhöhe:**

**Aus:** $\quad a * s = \dfrac{1}{2}\, v^2 \quad$ **folgt:**

$$g * h_0 = \frac{1}{2}\,(\, v_0 \sin(\alpha)\,)^2$$

$$h_0 = \frac{(\, v_0 \sin \alpha\,)^2}{2\,g}$$

„Wurfhöhe"

**Wurfweite:**

In waagrechter Richtung erhalten wir eine gleichförmige Bewegung mit der Geschwindigkeit $\overrightarrow{v}$ (Trägheitssatz).

**Aus:** $\quad s = v * t$ folgt:

$$s = \cos(\alpha) * v_0 * t$$

mit der doppelten Steigzeit erhalten wir:

$$s = v_0 * \cos(\alpha) * \frac{v_0 * \sin(\alpha)}{g} * 2$$

$$= \frac{v_0^{\,2}}{g}\,(\, 2 * \sin(\alpha) * \cos(\alpha)\,)$$

**Nach einer bekannten Formel gilt:**

$$2 * \sin(\alpha) * \cos(\alpha) = \sin(2\alpha)$$

**Also:** $s_{wurf} = \dfrac{v_0^{\,2}}{g} * \sin(2\alpha)$

„Wurfweite"

**Hieraus erkennt man:** Die größte Wurfweite erreicht man bei einem Abschußwinkel von 45°.

**Wurfparabel:**

Aus der Parabel für den waagrechten Wurf erhalten wir:

$$h = -\frac{g}{2\,v^2} * s^2 + h_0$$

Einsetzen ergibt:

$$h = -\frac{g}{2\,(\cos(\alpha) * v_0)^2} * s^2 + \frac{(v_0 * \sin \alpha)^2}{2g}$$

**Aufgaben:**

Afg. 1:  Ein Körper werde unter einem Winkel von 60° mit einer Geschwindigkeit von
10 m/sec abgeworfen.
a) Geben Sie die Wurfparabel an und stellen Sie diese graphisch dar!
b) Berechnen Sie:
1. Steighöhe
2. Steigzeit
3. Wurfweite

Afg. 2:  Ein Körper werde unter einem Winkel von 30° abgeschossen.
Welche Geschwindigkeit muss ihm erteilt werden, damit er genau die Höhe
10 m erreicht?

Afg. 3:  Ein Körper werde mit der Anfangsgeschwindigkeit 20 m/sec abgeworfen.
Unter welchem Winkel muss der Abwurf erfolgen, damit genau die
Wurfweite 10m erreicht wird?

# 1.7 DIE MASSE

Für 2 Körper, $K_1$, $K_2$, gilt: daß $K_1$ eine größere Masse hat als $K_2$, wenn $K_1$ bei gleicher Geschwindigkeit wie $K_2$, $K_2$ überrennt.

Genauer:
Jedem Körper kommt die Eigenschaft der Trägheit zu. Die Masse, m, ist ein Maß hierfür. $K_1$ hat eine größere Masse als $K_2$, wenn $K_1$ bei gleicher äußerer Einwirkung (Kraft) eine geringere Beschleunigung als $K_2$ erfährt.

Die Einheit der Masse ist das Kilogramm; dieses entspricht 1 Liter Wasser bei 4°C.

Beachte:
Die Masse darf nicht mit dem Gewicht verwechselt werden.

*Beispiel 1:*

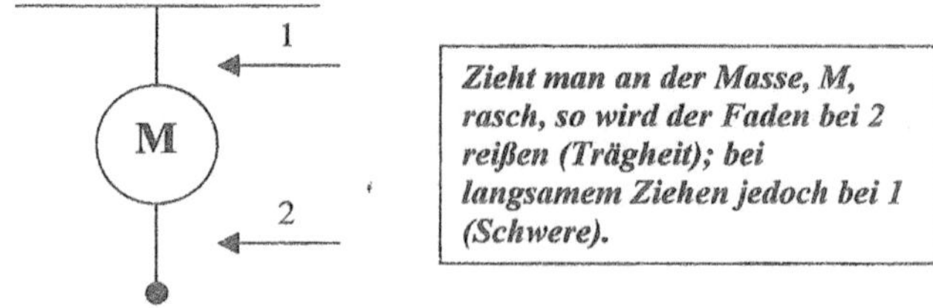


*Beispiel 2:*
Während die Schwere im Weltraum überall anders ist (auf dem Mond 1/6, auf der Sonne das 28-fache der Erdschwere, im leeren Raum 0), ist die träge Masse überall dieselbe.

# 1.8 DAS PRINZIP DER ENERGIEERHALTUNG: DER ENERGIESATZ IN DER STATIK

**Statik**    ⇨ Lehre vom Gleichgewicht

## 1.8.1 DER WEG ZUM PRINZIP DER ENERGIEERHALTUNG

Eine Möglichkeit große Lasten zu heben bestand ursprünglich im Ausnutzen der Eigenschaften der schiefen Ebene. Hierbei stellten sich folgende Fragen:

*Wie muss eine schiefe Ebene geneigt sein um ein Gewicht $P_1$ mit einem zweiten Gewicht $P_2$ anzuheben?*

> *Oder:*

*Wie groß muss ein Gewicht $P_1$ sein um bei gegebener schiefen Ebene ein bestimmtes Gewicht $P_2$ anzuheben?*

Offensichtlich wird die untere Grenze durch das Gleichgewicht bestimmt, sodass die Probleme letztlich durch die Festlegung von diesem gelöst werden.

*Eine erste interessante Antwort hierzu gab der Physiker Stevin (1548 – 1620)*

*War die Kette zuvor in Ruhe und würde sich dann, nachdem sie losgelassen worden war, von selbst beginnen zu bewegen, so würde sie, da die Verhältnisse sich nicht ändern, diese Bewegung endlos fortsetzen, sie wäre also ein „Perpetuum mobile".*

Dies lehnte Stevin ab (Erste Formulierung des Energieerhaltungssatzes: *„Es gibt kein „Perpetuum mobile").*

**Übersetzen wir diese Aussage ins Mathematische:**

Betrachtet man nur den unteren Teil der Kette, so ist dieser für sich offenbar im Gleichgewicht. Also muss dies auch für den oberen Teil gelten.

Sind dann $l_1$, $l_2$ die Längen der schiefen Ebenen, $P_1$, $P_2$ die jeweiligen Gewichte, mit denen diese belegt sind und nehmen wir pro Längeneinheit $\alpha$ Gewichtseinheiten an, so folgt:

$$P_1 = \alpha * l_1; \quad P_2 = \alpha * l_2 \qquad \text{Also: } \frac{P_1}{l_1} = \alpha = \frac{P_2}{l_2} \qquad \Leftrightarrow \qquad P_1 l_2 = P_2 l_1$$

**Hierzu finden wir die erste Form eines Erhaltungssatzes:**

Eine physikalische Bedingung (hier das Gleichgewicht) wird genau dann erfüllt, wenn „etwas" (hier das Produkt P * l) konstant bleibt.

An dieser Stelle setzen die Überlegungen Galileis ein, indem er den Stevin' schen Gedanken zunächst auf den Spezialfall mit einer senkrechten Ebene überträgt.

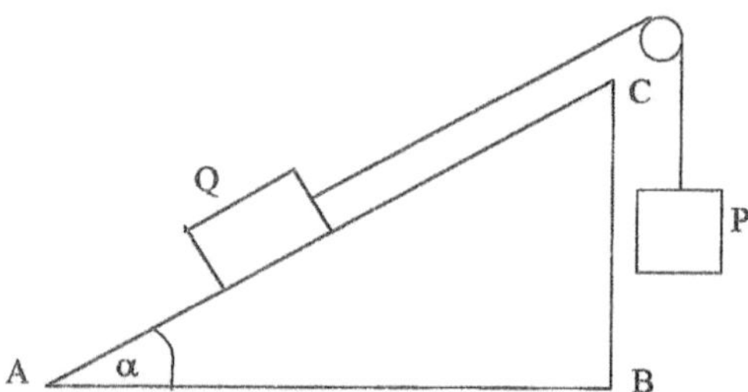


*Er sieht nun als entscheidend nicht mehr die Länge der schiefen Ebene, sondern die jeweils zu überwindende Höhendifferenz an:*

Steigt das Gewicht, Q, um die Höhe, $h_Q = \overline{BC}$, so sinkt das Gewicht P letztlich um $h_P = \overline{AC}$. Nach dem Stevin´schen Prinzip gilt im Gleichgewichtsfall:

$$Q * h_Q = P * h_P$$

**Bemerkung: Obwohl die Galilei' sche Formulierung eine scheinbar unbedeutende Modifikation ist, werden wir sehen, dass diese Form nicht nur die Lösung der Grundaufgaben der Statik liefert, sondern auch die Grundlage zur Verallgemeinerung zum allgemeinen Energieerhaltungssatz (vgl. Kapitel 2.3).**

# 1.8.2 Der Energieerhaltungssatz der Statik

Wir bezeichnen nun mit dh eine „kleine" Höhendifferenz, wobei $dh > 0$ „steigen" und $dh < 0$ „fallen" ergibt.
Das Galilei' sche Prinzip besagt nun:

***Zwei Gewichte $P_1$, $P_2$ sind genau dann im Gleichgewicht, wenn gilt:***

$$P_1 * dh_1 = - P_2 * dh_2$$

(dh$_1$ und dh$_2$ haben verschiedene Vorzeichen, daher das Minus)
$dh_1$: Höhendifferenz des Gewichts $P_1$; $dh_2$ Höhendifferenz von $P_2$.

Seit Newton schreibt man nun für Gewichte P:

$$P = m * g$$

**m: Masse des Körpers,**
**g: Fallbeschleunigung**

Weiter gilt in moderner Schreibweise:

***Def.:***　　　$V(h) = m * g * h$
„potenzielle Energie"

***Einheit:***　　$kg * \dfrac{m}{sec^2} * m = \dfrac{kg * m^2}{sec^2} = \text{„Joule"}$

$dV = mgdh$ bezeichnet dann die Änderung der Energie bei der Überwindung der Höhendifferenz dh, somit erhalten wir das Galilei' sche Prinzip in folgender Form:

$$dV_1 = - dV_2$$

$V_1(h)$:　　　potenzielle Energie des Körpers mit dem Gewicht $P_1$, analog $V_2(h)$.

**Oder:**　　　$dV_1 + dV_2 = 0$

***Ergebnis:***　　***Zwei zu einem System verbundene Körper sind dann und nur dann im Gleichgewicht, wenn sich die potenzielle Energie bei „kleinen" Änderungen der Höhendifferenz insgesamt nicht ändert (Energieerhaltungssatz der Statik).***

Unter einer Maschine versteht man eine „kräftesparende" Einrichtung. Bis in die Neuzeit waren die einzigen Maschinen die schiefe Ebene, der Hebel und der Flaschenzug. Während wir erstere bereits behandelt haben, zeigen wir, wie mit dem Galilei' schen Prinzip auch letztere behandelt werden können.

**DER HEBEL:**

Wir untersuchen zunächst einen Spezialfall:

An den Enden einer als masselos gedachten Stange befinden sich Gewichte $P_1$ und $P_2$. Hierfür soll der Aufhängepunkt so bestimmt werden, dass die Stange im Gleichgewicht (äquilibriert) ist.

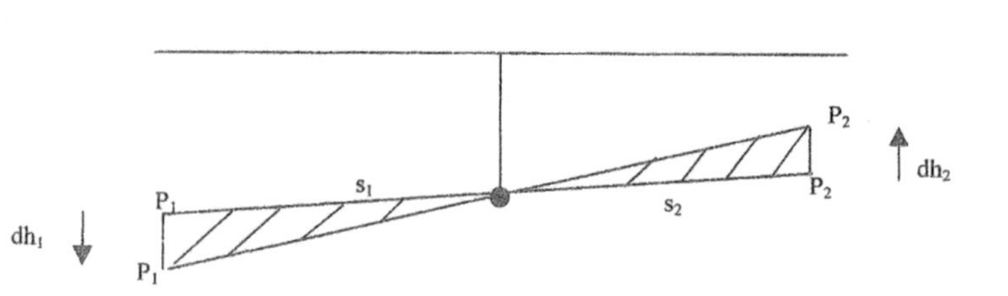


Sinkt bei einer kleinen Verschiebung $P_1$ um $dh_1$, so steigt $P_2$ um $dh_2$. Im Gleichgewichtsfall muss gelten:

$$P_1 dh_1 = -P_2 dh_2 \qquad \text{„Energieerhaltungssatz"}$$

Da die schraffierten Dreiecke ähnlich sind, folgt zunächst:

$$\frac{s_1}{dh_1} = \frac{s_2}{dh_2} \Leftrightarrow \frac{dh_2}{dh_1} = \frac{s_2}{s_1}$$

Betrachten wir im Energieerhaltungssatz $dh_1$, $dh_2$ als geometrische Größen, so folgt:

$$\frac{P_1}{P_2} = \frac{dh_2}{dh_1}$$

*Also:* $\qquad \dfrac{P_1}{P_2} = \dfrac{s_2}{s_1} \qquad$ oder: $\qquad P_1 * s_1 = P_2 * s_2$

Das Produkt $P * s$ heißt statisches Moment.

<u>**Ergebnis:**</u>  Die Stange ist genau dann im Gleichgewicht, wenn die statischen Momente gleich sind.
Offenbar gilt dasselbe dann auch für einen Hebel.

# DER FLASCHENZUG:

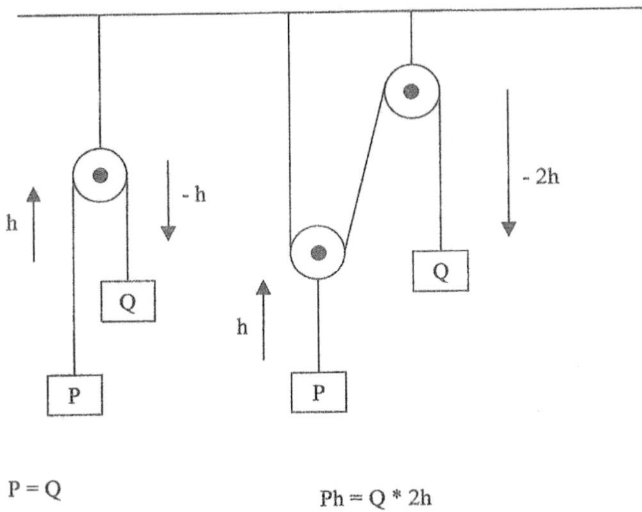


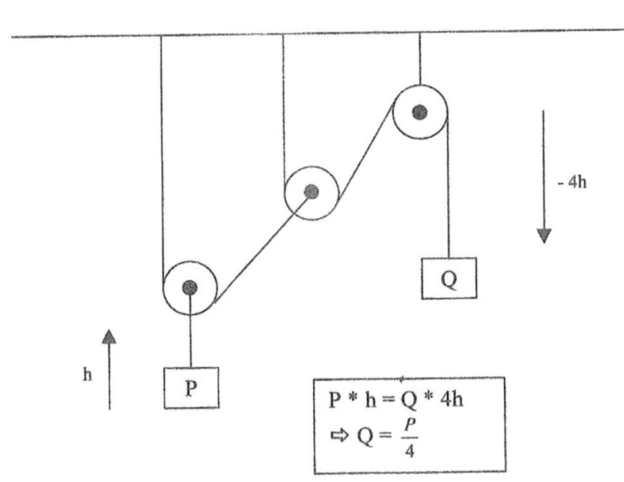


**Bemerkung: Die obigen Beispiele zeigen: Maschinen sparen zwar Kraft, die Energie bleibt jedoch insgesamt stets dieselbe!**

## Aufgaben:

**Afg. 1**  Ein Körper der Masse 20 kg soll auf einer schiefen Ebene der Länge 5 m mit einem zweiten Körper hochgezogen werden.
Dieser bewege sich auf einer mit der ersten verbundenen schiefen Ebene der Länge 3 m.
Welche Masse muss dieser mindestens haben?

**Afg. 2:**  Eine schiefe Ebene habe die Länge 8 m. Auf ihr soll ein Körper der Masse 100 kg mit einem Körper der Masse 40 kg hochgezogen werden.
Welche Länge muss die zweite Ebene mindestens haben?

**Afg. 3:**  Wie muss ein 10m langer Hebel angesetzt werden, damit 35 kg mit 15 kg angehoben werden können?

**Afg. 4:**  Konstruieren Sie einen Flaschenzug mit 3 losen Rollen.
Wieviel Kilogramm kann man mit diesem Zug mit 25 kg höchstens anheben?

**Afg. 5:**  Wieviele lose Rollen muss ein Flaschenzug mindestens haben, wenn man 1500 kg mit 100 kg anheben möchte?

**Afg. 6:**  Erläutern Sie das Prinzip der Energieerhaltung anhand der Kettenschaltung beim Fahrrad.

# 2. Ausbau und Vertiefung der Prinzipien durch Huygens

Huygens, Huyghens, Christian, * 1629, † 1695, niederländischer Physiker, Mathematiker und Astronom. Er vertrat die Vorstellung von der Wellennatur des Lichts und stellte das Huygen'sche Prinzip auf, nach dem jeder Punkt einer Welle als Ausgangspunkt einer Kugelwelle aufgefasst werden kann. Er stellte ferner das Gesetz des elastastischen Stoßes auf, erfand die Pendeluhr, begründete die Wahrscheinlichkeitsrechnung, stellte die Abplattung des Jupiter fest, erkannte (1656) die wahre Gestalt der Saturnringe und entdeckte den Saturnmond Titan.

Er war der herausragende Nachfolger Galileis. Er erkannte sofort die Bedeutung von dessen Prinzipien und entwickelte sie in allen Bereichen in genialer Art und Weise fort. Dabei war er nicht nur ein überragender Forscher, sondern auch in der Anwendung an praktischen Problemen interessiert. So entwickelte er u.a. die ersten funktionsfähigen Uhren.

## 2.1 Fortschritte in der Kinematik

### 2.1.1 Die Kreisbewegung bei konstantem Geschwindigkeitsbetrag

**Wir wissen:** Die Geschwindigkeit ist ein Vektor. Also kann sie sich auch ändern, ohne dass sich der Geschwindigkeitsbetrag ändert (d.h. es tritt nur eine Normalbeschleunigung auf!). Der Prototyp einer derartigen Bewegung ist die Kreisbewegung mit konstantem Geschwindigkeitsbetrag. Wir wollen die hierbei auftretende Beschleunigung berechnen:

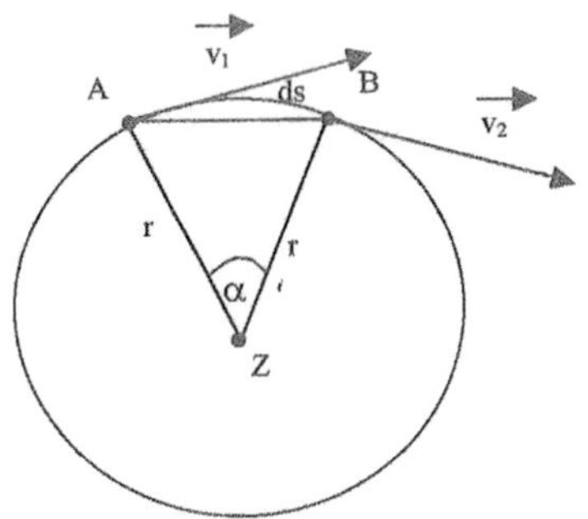

**Bezeichnungen:**

r:        **Radius eines Kreises**

$\vec{v_1}$:        **Geschwindigkeit des Punktes bei A.**

$\vec{v_2}$:        **Geschwindigkeit des Punktes bei B.**

ds:        **Zurückgelegte Wegstrecke des Punktes in dem „kleinen" Zeitintervall dt.**

$\alpha$:        **Winkel, den der Radiusvektor in der Zeit dt überstreicht.**

Nach Voraussetzung gilt:

$$v_1 = v_2 = v$$

Wir überlegen, dass die Vektoren $\vec{v_1}$, $\vec{v_2}$ ebenfalls den Winkel $\alpha$ einschließen.

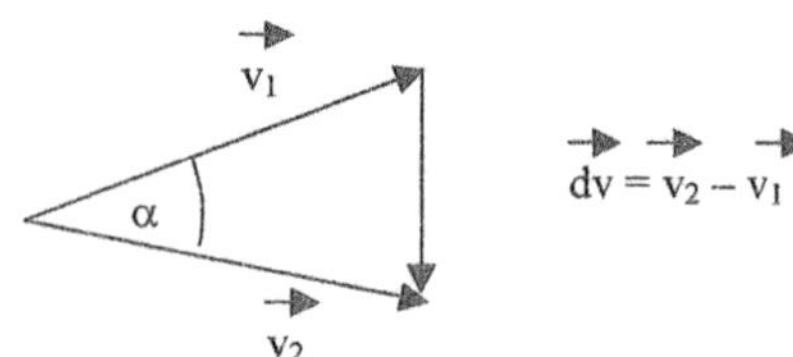


Also ist dieses Dreieck wegen $v_1 = v_2$ ähnlich zum Dreieck A Z B.
***Es folgt:***

$$\frac{\overline{AB}}{r} = \frac{dv}{v}$$

Wegen der angenommenen „Kleinheit" von dt, folgt die „Kleinheit" von ds und wir können setzen:

$$\overline{AB} \approx ds$$

***Also:***

$$\frac{ds}{r} = \frac{dv}{v}$$

Multiplizieren wir beide Seiten mit $\dfrac{1}{dt}$, so ergibt sich:

$$\frac{ds}{r} * \frac{1}{dt} = \frac{dv}{v} * \frac{1}{dt}$$

Umformen:

$$\frac{ds}{dt} * \frac{1}{r} = \frac{dv}{dt} * \frac{1}{v}$$

oder:

$$\frac{dv}{dt} = \frac{ds}{dt} * \frac{v}{r}$$

Berücksichtigen wir nun $\quad a = \dfrac{dv}{dt},\ v = \dfrac{ds}{dt}$, so erhalten wir das

*Ergebnis:* $\qquad a = \dfrac{v^2}{r}$

Der Vektor $\vec{a}$ weist offenbar zum Kreismittelpunkt.


*Definition:* $\vec{a}$ heißt ***Zentripetalbeschleunigung***. Der entgegengesetzte Vektor $\vec{a}_{fug} = -\vec{a}$ heißt ***Zentrifugalbeschleunigung***.


## Aufgaben:

**Afg. 1:** Wie wirkt die Zentripetal- bzw Zentrifugalbeschleunigung physikalisch? Nennen Sie Beispiele.

**Afg. 2:** Bei konstantem Radius r gilt:

$a \sim v^2$

Bei konstantem v gilt:

$a \sim \dfrac{1}{r}$

Interpretieren Sie diese Proportionalitäten physikalisch.

**Afg. 3:** Zeigen Sie: Die Zentripetalbeschleunigung hat die richtige Einheit $\dfrac{m}{\sec^2}$

**Afg. 4:** Zeigen Sie: Die Zentripetalbeschleunigung kann in folgender Form geschrieben werden:

$a = 4\,\pi^2 * \dfrac{r}{T^2}$

T: Umlaufzeit des Punktes (Periode)
(In dieser Form werden wir die Zentripetalbeschleunigung bei Newton [vgl. Kapitel 3.2] benötigen.)

# 2.1.2 Harmonische Schwingungen

Anhand des nachstehenden Modells hat Huygens sämtliche für Schwingungen charakteristische Eigenschaften entwickelt:

*Ein Punkt P bewege sich auf einem Kreis mit Radius r = A mit konstantem Geschwindigkeitsbetrag v. Diese Bewegung werde nun auf einen Durchmesser dieses Kreises projiziert. Welchen Bewegungsvorgang nimmt ein Beobachter hierfür wahr?*

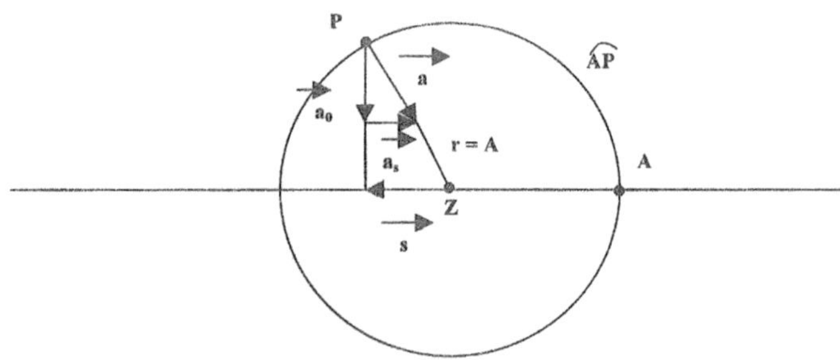


Wir beschreiben diese Bewegung, indem wir dem Zentrum Z die Länge 0 zuschreiben. Nehmen wir weiter an, zum Zeitpunkt $t_0$ habe der Punkt den Bogen $\widehat{AP}$ zurückgelegt, der Beobachter registriert dann für die Projektion den Vektor $\vec{s}$.

Weiter zerlegen wir die Zentripetalbeschleunigung $\vec{a}$ entsprechend der Zeichnung:

$$\vec{a} = \vec{a_0} + \vec{a_s}$$

Für die uns interessierende Bewegung ist nur die Komponente $\vec{a_s}$ wirksam. Aus dem zweiten Strahlensatz folgt dann für die Beträge:

$$\frac{a_s}{s} = \frac{a}{r}$$

*Oder:*

$$a_s = \frac{a}{r} * s$$

Weiter sind $\vec{a}$ und $\vec{s}$ entgegengesetzt gerichtet.

*Somit:*
$$\vec{a_s} = - \frac{a}{r} * \vec{s}$$

Da a und r konstant sind, können wir hierfür auch schreiben:

$$\vec{a_s} \sim - \vec{s}$$

*(Die Beschleunigung wirkt also der Auslenkung entgegen und ist ihr proportional).*

*Definition: Gilt für eine Bewegung stets die Bedingung*

$$\vec{a_s} \sim -\vec{s}$$

so heißt die Bewegung harmonische Schwingung.

*Bemerkungen:*

1. *In der Bezeichnung „harmonisch" erkennt man wieder den Einfluss der Antike (vgl. Pythagoras).*

2. *Die harmonischen Schwingungen sind in der Akustik, Elektrodynamik, Quantentheorie und vielen weiteren Bereichen das Instrument zur Beschreibung von periodischen Bewegungsvorgängen.*

## BAHNKURVE:

Wir zählen Längen des Vektors $\vec{s}$ nach „rechts" positiv, nach „links" negativ. Zum Zeitpunkt 0 gilt nach Vereinbarung: s = r = A.
Nach einer ¼ - Umdrehung gilt: s = 0 usw.
Bezeichnet T die Zeit für eine volle Umdrehung, so überlegen wir uns folgende Bahnkurve:

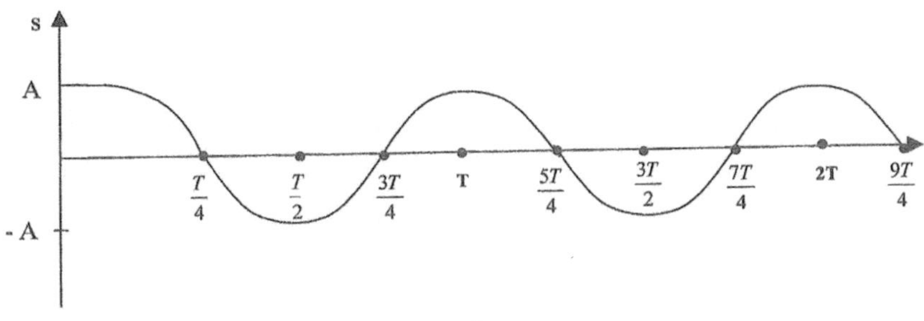

Offenbar erhalten wir eine Cosinuskurve. Den Verlauf erhalten wir dann durch folgende Funktionsgleichung:

$$s = A * \cos\left(\frac{2\pi}{T} * t\right)$$

*Definitionen:*

T:       Periode der Schwingung

A:       Amplitude der Schwingung

$\omega = \dfrac{2\pi}{T}$ : **Kreisfrequenz**

$\gamma = \dfrac{1}{T}$ : **Frequenz**

$$\text{(Einheit: } \frac{1}{\sec} = 1 \text{ Hz „Hertz“)}$$

**Also erhalten wir folgende Bahnkurve:**

$$s = A * \cos(\omega * t)$$

*Bemerkungen:*

1. *Hätten wir den Anfangspunkt in Z gelegt, so hätten wir offenbar erhalten:*

$$s = A * \sin(\omega t)$$

2. *Liegt im Zeitnullpunkt ein maximaler Wert vor, so wird der Vorgang durch eine Cosinuskurve beschrieben, im Falle des minimalen Ausschlages durch eine Sinuskurve.*

3. *Daß Sinus- bzw. Cosinuskurve die harmonische Schwingung beschreiben, ist nicht zufällig. Vielmehr wurden diese Funktionen gerade hierfür entwickelt.*

## Aufgaben:

Afg. 1:    Begründen Sie bei der Herleitung der Bahnkurve $s = A \cos(\omega t)$ die Werte A und $\omega$.

Afg. 2:    Was gibt die Frequenz $\gamma$ konkret an?

***Wir zeigen:*** Ist $\varphi$ der Winkel, den der Pendelfaden mit dem Lot zur Erde einschließt, so ist für „kleine" $\varphi$ die Pendelschwingung harmonisch.

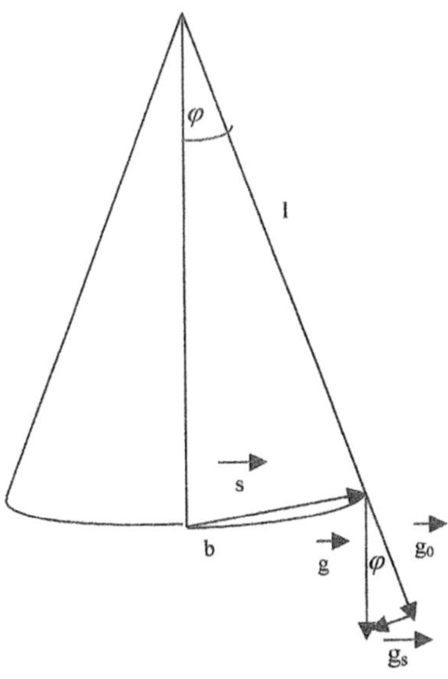


***Vorbemerkung:***

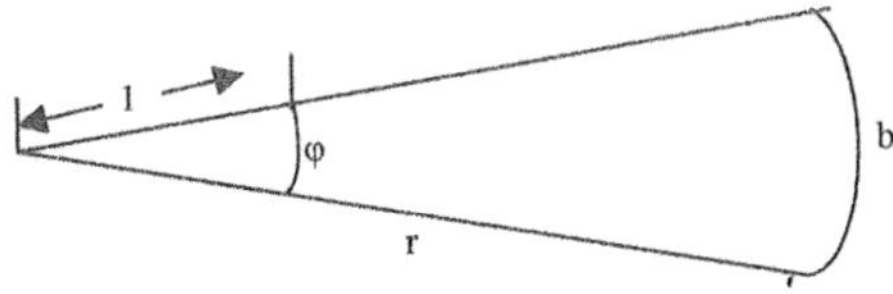


Wird der Winkel $\varphi$ im Bogenmaß gemessen und ist b der entsprechende Bogen auf dem Kreis mit Radius r, so gilt:

$$\frac{\varphi}{1} = \frac{b}{r} \qquad \Leftrightarrow \qquad \varphi = \frac{b}{r}$$

Für unsere Behauptung, die Schwingung sei harmonisch, müssen wir dann zeigen:

Ist $\vec{s}$ der Vektor vom Gleichgewichtspunkt zum momentanen Pendelpunkt und $\vec{g_s}$ die Beschleunigung, die die Pendelschwingung bewirkt, so gilt:

$$\vec{g_s} \sim -\vec{s}$$

***Also:***
Zunächst wirkt auf das Pendel die Fallbeschleunigung $\vec{g}$. Wir zerlegen $\vec{g}$ (vgl. Zeichnung):

$$\vec{g} = \vec{g_0} + \vec{g_s}, \qquad \vec{g_0} \perp \vec{g_s}$$

Offenbar wirkt dann nur $\vec{g_s}$ auf die eigentliche Pendelbewegung (wie wirkt $\vec{g_0}$ ?).

***Weiter:***

$$\sin(\varphi) = \frac{g_s}{g}$$

***oder:*** $\qquad g_s = g * \sin(\varphi)$ $\hfill$ (1)

Wegen der angenommenen „Kleinheit" von $\varphi$ folgt:

$$\sin(\varphi) \approx \varphi \hfill (2)$$

***vgl. die Sinuskurve für „kleine" x***

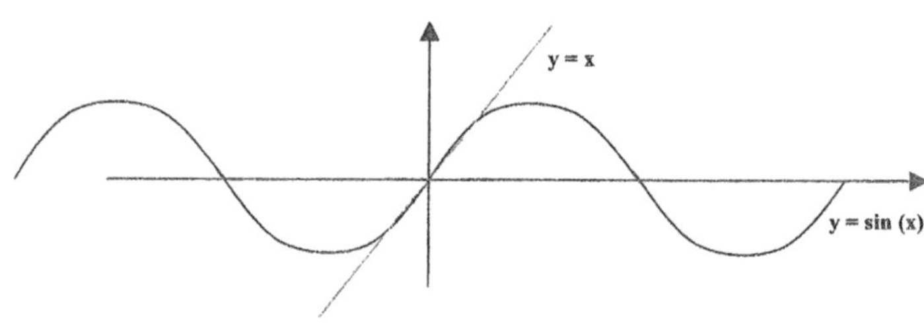


***Außerdem:*** $\qquad s \approx b$ $\hfill$ (3)

Schließlich gilt wegen unserer Vorbemerkung:

$$\varphi = \frac{b}{l} \hfill (4)$$

(2) eingesetzt in (1) ergibt:

$$g_s = g * \varphi$$

hier setzen wir (4) ein:

$$g_s = g * \frac{b}{l} = \frac{g}{l} * b$$

Setzen wir dann noch (3) ein:

$$g_s = \frac{g}{l} * s$$

Da die Fallbeschleunigung und die Pendellänge konstant sind, ergibt sich:

$$g_s \sim s$$

Endlich sind die Vektoren $\vec{g_s}$ und $\vec{s}$ wegen der Kleinheit von $\varphi$ entgegengesetzt gerichtet, es gilt also tatsächlich:

$$\vec{g_s} \sim \vec{-s}$$

## PERIODE DER PENDELSCHWINGUNG

Da die Pendelschwingung harmonisch ist, wird sie durch eine Kreisbewegung mit der konstanten Normalbeschleunigung a beschrieben. Für deren Betrag können wir schreiben:

$$a = 4\,\pi^2\,\frac{r}{T^2} \qquad \text{mit } r = A,$$

> A: Amplitude der Pendelschwingung (vgl. 2.1.1, Afg. 4)

Auflösen nach T:

$$T = 2\,\pi\,\sqrt{\frac{r}{a}} = 2\,\pi\,\sqrt{\frac{A}{a}} \qquad\qquad (1)$$

Bei der Herleitung der harmonischen Schwingung sind wir auf folgende Beziehung gestoßen:

$$\frac{a_s}{s} = \frac{a}{r} \qquad \Longleftrightarrow \qquad \frac{r}{a} = \frac{s}{a_s}$$

Für das Pendel bedeutet dies:

$$\frac{A}{a} = \frac{s}{g_s} \qquad\qquad (2)$$

**Oben haben wir gezeigt:**

$$g_s = \frac{g}{l} * s$$

*Also:*
$$\frac{l}{g} = \frac{s}{g_s} \tag{3}$$

Setzen wir (3) in (2) und das Resultat in (1) ein, so erhalten wir das
*Ergebnis:*

$$T = 2\pi \sqrt{\frac{l}{g}}$$

*Bemerkungen:*

1. *Bestimmt man die Periode T eines gegebenen Pendels der Länge l experimentell, so erlaubt diese Formel eine Bestimmung der Fallbeschleunigung g. Tatsächlich konnte auf diesem Weg erstmalig der Wert von g hinreichend genau bestimmt werden.*

2. *Offenbar hängt der Wert für die Periode T nicht davon ab, welchen Wert die Amplitude der Schwingung hat.*

## BAHNKURVE

*Allgemein gilt:*

$$s = A * \cos(\omega t)$$
*bzw.*
$$s = A * \sin(\omega t)$$

Wegen $\omega = \frac{2\pi}{T}$ erhält man mit $T = 2\pi \sqrt{\frac{l}{g}}$ :
$$\omega = \sqrt{\frac{g}{l}}$$

*Also:*
$$s = A * \cos\left(\sqrt{\frac{g}{l}} * t\right)$$

*bzw:*
$$s = A * \sin\left(\sqrt{\frac{g}{l}} * t\right)$$

**Aufgaben:**

Afg. 1:    Man mache sich klar, welche Kreisbewegung konkret zur Pendelschwingung gehört.

Afg. 2:    Welche Länge muss ein Pendel haben, damit die Periode genau eine Sekunde beträgt (Sekundenpendel)?

Afg. 3:    Führen Sie den oben angegebenen Versuch durch und bestimmen Sie hierdurch den Betrag der Fallbeschleunigung.

Afg. 4:    Was bedeutet die Aussage: „Die Periode bei der Pendelschwingung ist unabhängig von der Amplitude"?
Ist diese Aussage richtig?
Wieso ist sie notwendige Voraussetzung für das Funktionieren von Pendeluhren?

Afg. 5:    Welche Bedingung muss ein Winkel $\varphi$ erfüllen, damit er „klein" im Sinne der Pendelschwingung ist?

Afg. 6:    Ein Pendel der Länge 2 m werde 30 cm rechts von der Gleichgewichtslage losgelassen.
a) Ist die Voraussetzung: „kleine" $\varphi$ erfüllt?
b) Bestimmen Sie die Periode der Pendelschwingung.
c) Nach welcher Zeit wird erstmalig der Gleichgewichtspunkt durchlaufen?
d) Bestimmen Sie die Frequenz der Pendelschwingung.
e) Welche Zeit ist für genau 50 volle Schwingungen erforderlich?
f)  Geben Sie die Bahnkurve der Schwingung an.
g) Wo befindet sich das Pendel nach genau 12 Sekunden?
h) Nach welcher Zeit ist das Pendel erstmalig genau 10 cm links von der Gleichgewichtslage?
i) Welche Geschwindigkeit hat das Pendel beim Durchlaufen der Gleichgewichtslage?

## 2.3 DER ENERGIEERHALTUNGSSATZ IN DER DYNAMIK:
## DAS PRINZIP DER ENERGIEUMWANDLUNG

Das Galilei' sche Prinzip der Zeitsymmetrie zeigt, daß der Geschwindigkeitszuwachs nicht vom durchfallenen Weg, sondern nur von der Fallhöhe abhängt. Außerdem hat Galilei gezeigt, dass der freie Fall eine gleichmäßig beschleunigte Bewegung ist. Bezeichnet also dh eine „kleine" Höhendifferenz, so liefert die Gleichung $as = \frac{1}{2} v^2$ den Zuwachs $d(v^2)$ für das Quadrat der Geschwindigkeit:

$$g * dh = -\frac{1}{2} d(v^2)$$

**(fällt der Körper, so ist dh < 0; die Geschwindigkeit nimmt aber zu: d($v^2$) > 0, daher das Minus)**

Ebenfalls nach dem Prinzip der Zeitsymmetrie ist die umgekehrte Bewegung möglich: Der Körper steigt: $d(v^2) < 0$ und $dh > 0$. Also kann ein Zuwachs der Höhe durch eine Abnahme des Geschwindigkeitsquadrates gemäß derselben Gleichung erreicht werden.

Wir multiplizieren beide Seiten mit der Masse m des Körpers:

$$g * dh * m = -\frac{1}{2} d(v^2) * m$$

$$\Leftrightarrow \qquad m\, g\, dh = -\frac{1}{2} m\, d(v^2)$$

Links steht nun die Änderung der potentiellen Energie: $dV = m\, g\, dh$. Liegt also kein Gleichgewicht vor, d.h.: $dV \neq 0$, so wird die Änderung von V gerade durch die rechte Seite ausgeglichen:

$$dV + \frac{1}{2} m\, d(v^2) = 0$$

Bezeichnen wir diese Größe als die Änderung einer neuen Energieform, so ändert sich die neue Gesamtenergie wiederum nicht.

**Also:**

**Definition:** $\quad T(v) = \frac{1}{2} mv^2$       *heißt kinetische Energie*

**Definition:** $\quad W = T(v) + V(h)$       *heißt gesamte Energie*

**Offenbar gibt dann**
$$dW = dT + dV$$

bzw. $\qquad dW = \frac{1}{2} m\, (dv^2) + m\, g\, dh$

**die Änderung der gesamten Energie an.** Unser obiges Resultat zeigt dann:

**dW = O**

**„Energieerhaltungssatz"**

*In Worten:*

Ist das System nur der Schwere unterworfen, so ändert sich die Gesamtenergie, bestehend aus potentieller und kinetischer Energie, nicht.

*Also:*

Hat die Gesamtenergie W einen bestimmten Wert, so wird dieser für alle Zeiten beibehalten. Lediglich die Summanden ändern sich.

*Beispiel:*

Ein Körper der Masse 10 kg falle aus einer Höhe von 125 m. Wir verfolgen die Energieumwandlung von potenzieller in kinetischer Energie:

| $t$ | $h = 125 - \frac{g}{2} t^2$ | $v = g * t$ | $T(v) = \frac{1}{2} mv^2$ | $V(h) = mgh$ | $W = T + V$ |
|---|---|---|---|---|---|
| 0 | 125 | 0 | 0 | 12500 | 12500 |
| 1 | 120 | 10 | 500 | 12000 | 12500 |
| 2 | 105 | 20 | 2000 | 10500 | 12500 |
| 3 | 80 | 30 | 4500 | 8000 | 12500 |
| 4 | 45 | 40 | 8000 | 4500 | 12500 |
| 5 | 0 | 50 | 12500 | 0 | 12500 |

Die kinetische Energie von 12500 Joule kann nun der Körper „verwenden", um am Boden eine Bewegung mit der entsprechenden Geschwindigkeit auszuführen oder aber wieder bis zu der maximalen Höhe von 125 m aufzusteigen.

*Bemerkung:*

*In theoretischer Hinsicht liefert der Energieerhaltungssatz eine Grundgleichung der Physik und stellt einen Zusammenhang zwischen der Geschwindigkeit und dem jeweiligen Höhenniveau her. Praktisch ist die Energie ein Maß für die Arbeitsfähigkeit eines Systems (historisch: Verfügt ein Körper über potenzielle Energie, so ist er offenbar in der Lage einen anderen Körper anzuheben.)*

*Huygens hat das Prinzip der Energieerhaltung zunächst ganz beiläufig im Zusammenhang mit der Frage aufgestellt, welche Bewegung mehrere zu einem System verbundene Pendel ausführen, wobei diese unterschiedliche Längen und Massen haben. Die eigentliche Bedeutung erlangte der Energieerhaltungssatz aber erst, als der Heilbronner Arzt Robert Mayer (1814 – 1878) das Energieprinzip auf Wärmevorgänge ausdehnte („mechanisches Wärmeäquivalent") und dabei erstmalig das Prinzip der Energieerhaltung aussprach.*

## Aufgaben:

**Afg. 1:** Machen Sie sich das Prinzip der Energieumwandlung an der Pendelschwingung klar.

**Afg. 2:** Ein Körper der Masse 20 kg werde aus einer Höhe von 320 m abgeworfen. Stellen Sie die Energieumwandlung in einer Tabelle dar.

**Afg. 3:** Zeigen Sie: Die kinetische Energie $T(v) = \frac{1}{2} mv^2$ hat die richtige Einheit Joule.

**Afg. 4:** Zeigen Sie: Der Trägheitssatz ist ein Spezialfall des Energieerhaltungssatzes.

**Afg. 5:** Ein Pendel der Länge 3 m habe eine Amplitude von 40 cm sowie die Masse 5 kg. Berechnen Sie die Geschwindigkeit im Gleichgewichtspunkt mit Hilfe des Energieerhaltungssatzes.

**Afg. 6:** Ein voll besetzter Wagen einer Achterbahn habe die Masse 800 kg. Am Boden möge er die Geschwindigkeit $30 \, \frac{m}{sec}$ erreichen.
Auf welche Höhe kann er dann wieder maximal steigen?

## 2.4.1 Das Relativitätsprinzip

Wir nehmen an, wir fahren in einem Zug, der völlig erschütterungsfrei konstant mit z.B. 150 km/h geradlinig entlang fährt (d.h. er führt eine gleichförmige Bewegung aus.) Befinden wir uns in einem Tunnel, sodass wir die Landschaft nicht sehen können, so können wir eigentlich gar nicht sagen, ob wir uns bewegen oder ruhen.
Tatsächlich laufen alle physikalischen Gesetze in dem Zug nach genau denselben Regeln ab wie in einem als ruhend gedachten Labor.
Ein Physiker, der in dem Zug gewisse Experimente ausführen würde, z.B. mit einem Pendel, würde zu genau denselben Ergebnissen kommen wie sein Kollege im Labor.
Dies ist die Aussage des Relativitätsprinzips.

*Allgemein:*
„Physikalische Gesetze sind bei einer gleichförmigen Bewegung invariant."

### „Relativitätsprinzip"

Nehmen wir also an, ein Beobachter A ruhe in einem System I, ein weiterer B in einem System II und System I bewege sich gleichförmig mit der Geschwindigkeit $v_0$ zu System II. Beide Beobachter werden dieselbe physikalische Tatsache feststellen. Um die Beobachtung von A im System I auf diejenige von B in II zu übertragen, muss man also nur die Relativgeschwindigkeit $\vec{v_0}$ berücksichtigen.

*Beispiel:*
Beobachter A sitzt im Zug, der sich mit $v_0$ = 100 km/h bewegt. Er sieht den Schaffner, der sich mit 3 km/h in Fahrtrichtung bewegt.
Offenbar sieht ein Beobachter am Bahndamm den Schaffner mit der Geschwindigkeit **100 km/h + 3 km/h =103 km/h.**
Jede Beobachtung erfolgt als **„relativ"** zu einem bestimmten System. Dabei ist kein System vor dem anderen ausgezeichnet.
Jeder Beobachter kann sich selbst physikalisch mit dem gleichen Recht jeweils als ruhend und den anderen als bewegt bezeichnen.

## 2.4.2 Das Prinzip der Raumisotropie

Genauso wie zwei Systeme, die sich mit einer gleichförmigen Bewegung relativ zueinander bewegen, physikalisch völlig gleichwertig sind, ist auch jede spezielle Raumrichtung physikalisch nicht nachweisbar und somit gleichwertig. Hierbei ist natürlich Voraussetzung, dass keinerlei physikalische Kräfte wirksam sind, d.h. jeder Raumpunkt gleichwertig ist („homogener Raum").

*Allgemein:*
*In einem homogenen Raum sind die physikalischen Gesetze gegen Änderung der Raumrichtung invariant.*
### „Raumisotropie"

*„oben" und „unten".*



## 2.4.3 Die Stoßgesetze

Zwei Körper der Massen $m_1$ und $m_2$ bewegen sich mit den Geschwindigkeiten $\vec{v_1}$ und $\vec{v_2}$ aufeinander zu und „stoßen" aneinander.
Welche Geschwindigkeiten haben sie nach dem Stoß?

**Wir nehmen an:** $\quad m_1 = m_2 = m$
Seien $v_1$, $v_2$ die Geschwindigkeitsbeträge vor und $v_1{'}$, $v_2{'}$ diejenigen nach dem Stoß.

**Fall 1.**

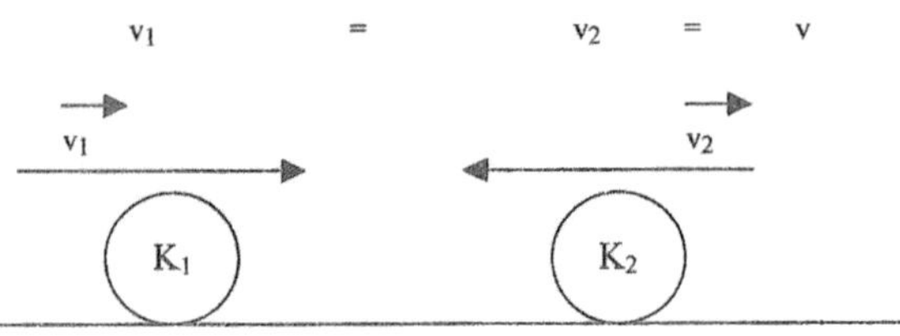


Nach dem Energieerhaltungssatz gilt zunächst:

$$\frac{1}{2}\,m_1 v_1^{\,2} + \frac{1}{2}\,m_2 v_2^{\,2} = \frac{1}{2}\,m_1 v_1^{\,\prime 2} + \frac{1}{2}\,m_2 v_2^{\,\prime 2}$$

*Wegen* $m_1 = m_2 = m$ *und* $v_1 = v_2 = v$ *folgt:*

$$2v^2 = v_1^{\,\prime 2} + v_2^{\,\prime 2}$$

Wäre $v_1{'} \neq v_2{'}$, so könnte dies, da physikalisch sonst keine anderen Bedingungen vorliegen, nur in der unterschiedlichen Richtung nach dem Stoß begründet sein. Die verbietet aber gerade die Raumisotropie.

*Also folgt:* $\qquad v_1{'} = v_2{'} = v{'}$
*Somit:* $\qquad 2v^2 = 2v^{\,\prime 2}$
*Oder:* $\qquad v = v{'}$

*D.h.:* Die Körper behalten ihre Geschwindigkeitsbeträge bei (aber natürlich nicht ihre Geschwindigkeiten: $\vec{v}$ ist ein Vektor!).

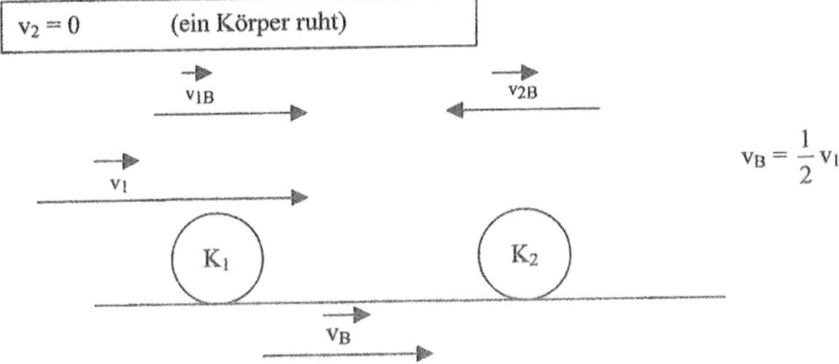


Ein Beobachter, der sich mit der Geschwindigkeit $\vec{v_B} = \dfrac{1}{2}\,\vec{v_1}$ mitbewegt, registriert offensichtlich den bereits besprochenen Fall 1 mit $\vec{v_{1B}} = -\vec{v_{2B}}$ ($v_{1B} = v_{2B} = v_B$) [Wir können uns vorstellen, der Vorgang würde auf einem Zug ablaufen, der sich mit der Geschwindigkeit $\vec{v_B}$ bewegt]. Nach dem Stoß haben für ihn also $\vec{v_{1B}}$ und $\vec{v_{2B}}$ ihre Beträge beibehalten, die Richtungen jedoch getauscht.

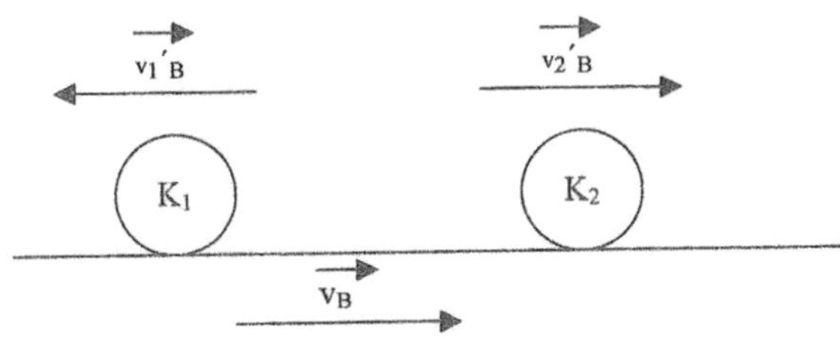


Nach dem Relativitätsprinzip können wir die Ergebnisse des mitbewegten Beobachters auf den ruhenden übertragen:
Für ihn ruht nun $K_1$. Denn er registriert einerseits die Geschwindigkeit $\vec{v_1{'}_B}$ , andererseits $\vec{v_B}$. Beide werden überlagert und heben sich dann auf.

Ebenso registriert er $\qquad \vec{v_B} + \vec{v_2{'}_B} \qquad$ 'also. $\vec{v_1}$

d.h.: Nach dem Stoß ruht der ankommende Körper, der zunächst ruhende prallt mit dessen Geschwindigkeitsbetrag ab.

**Fall 3:** $\qquad\qquad v_1 \neq v_2$

Wir dürfen annehmen: $\qquad v_1 < v_2$

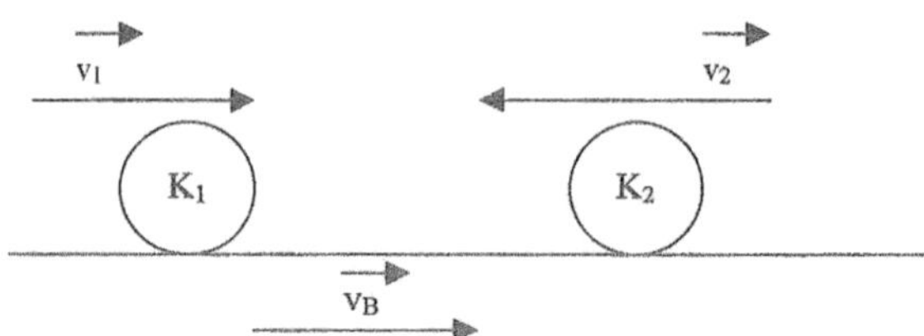


Ein Beobachter, der sich mit der Geschwindigkeit $\vec{v}_B = \vec{v}_1$ mitbewegt, registriert nun Fall 2:

$$v_{1B} = 0, \qquad v_{2B} = v_2 + v_1$$

Also wird für ihn nach dem Stoß $K_2$ ruhen, $K_1$ wird mit der Geschwindigkeit $v_{2B}$ abprallen. Übertragen wir dieses Ergebnis nach dem Relativitätsprinzip auf den ruhenden Beobachter, so wird $K_1$ mit der Geschwindigkeit $v_{2B} - v_B = v_2$ abprallen, $K_2$ wird mit der Geschwindigkeit $v_1$ zurückprallen.

Fassen wir alle drei Fälle zusammen, so ergibt sich:

*Ergebnis:*
**Stoßen Körper mit gleichen Massen aneinander, so tauschen sie ihre Geschwindigkeitsbeträge.**

*Bemerkung:*
*Sowohl Relativitäts- als auch Raumisotropieprinzip beruhen letztlich auf der Forderung, dass Begriffe, die nicht beobachtbar (messbar) sind, physikalisch sinnlos sind. Wie wir wissen, geht dieses Postulat auf Galilei zurück, der gerade hierin einen Leitfaden für den Aufbau der Physik sah. Im 19. Jahrhundert, als sich die Physik Objekten zuwandte, die der direkten Beobachtung entzogen waren (Atome), wurde, auch aus allgemeinen philosophischen Motiven heraus, diese Forderung erneut mit Nachdruck erhoben. Besondere Bedeutung gewann sie dann, als Albert Einstein (1879 – 1955) zeigen konnte, dass gewisse Schwierigkeiten, die damals in der Physik auftraten, gerade auf solchen nicht beobachtbaren Begriffen beruhten (absoluter Raum, absolute Zeit). Gerade er war es dann, der das Relativitätsprinzip mit größter Genialität und Virtuosität handhabte (spezielle Relativitätstheorie, allgemeine Relativitätstheorie). Allerdings legte er ein etwas abgewandeltes Relativitätsprinzip zugrunde, das die Konstanz der Lichtgeschwindigkeit in allen Bezugssystemen berücksichtigt.*

*In der modernen Elementarteilchenphysik, in der die Objekte prinzipiell unanschaulich sind und nur indirekt erschlossen werden können, sind das Relativitätsprinzip und die Raumisotropie sowie der Energieerhaltungssatz und einige weitere Prinzipien (z.B. der Impulserhaltungssatz [vgl. 3.4.2.2]) der Schlüssel zum Aufstellen allgemeiner Gesetze.*

# 3. Die Vollendung der Mechanik durch Isaac Newton

Newton, Sir Isaac, * 1643, † 1727, englischer Physiker, Mathematiker und Astronom. Er entdeckte die 3 Bewegungsgesetze der klassischen Mechanik (Newton' sche Axiome) sowie das Gravitationsgesetz; wandte diese Gesetze auch auf Himmelskörper an und legte damit die Grundlage für die heutige einheitliche Naturwissenschaft. Er erforschte das Licht beim Durchgang durch Materie und entdeckte das Sonnenspektrum und die Farbenringe (Newton' sche Ringe).

Newton vollendete die durch Galilei begründete und von Huygens weiterentwickelte klassische Mechanik. Darüber hinaus war er aber auch in anderen Bereichen der Physik an hervorragender Stelle tätig (z.B. Optik). Außerdem war er nicht nur einer der größten Physiker aller Zeiten, er war auch einer der bedeutendsten Mathematiker. Hier sei nur die Differential- und Integralrechnung erwähnt, die er unabhängig von G. F. Leibniz (1646 – 1716) begründete.

Während die Schulphysik und seine ganze Umgebung Galilei noch völlig verständnislos gegenüberstand, wurde Newton mit allen Ehren überhäuft. Den Wandel, den die Physik im gesellschaftlichen Ansehen erfahren hatte, sehen wir an folgendem Beispiel:

Newton wurde im Todesjahr Galileis geboren. Während Galilei noch froh sein musste, dem Scheiterhaufen entkommen zu sein und einsam und verbittert starb, erhält später Newton ein Staatsbegräbnis in der Westminster Abbey, wo er unter Anteilnahme des gesamten öffentlichen Lebens beigesetzt wurde.

## 3.1 Die Prinzipien Newtons

### 3.1.1 Generalisierung

Das Prinzip der Verallgemeinerung hatte bereits Galilei eingeführt. Während z.B. die „alte" Physik gefordert hatte, man müsse jeden einzelnen Körper gemäß seiner individuellen Besonderheit behandeln, ordnet Galilei alle gleichartigen Vorgänge einem einheitlichen Gesetz unter. Wir erkennen hier den Gegensatz zwischen Aristoteles und Platon. Während für ersteren das Einzelne das Erste ist, das gemäß seinem individuellen Wesen (Stoff und Form) zu bestimmen ist, hat nach Platon das Einzelne mehr oder weniger vollkommen an der allgemeinen Idee teil. Alle Körper fallen gemäß der „Idee" des Fallgesetzes. Allerdings beschränkte Galilei seine Überlegungen auf die Erde.

Newton forderte nun, dass einmal erkannte Gesetze überall und gleichartig gelten müssen, insbesondere auch im Weltall. Die Körper fallen auch auf dem Mond, dem Mars nach denselben Gesetzen usw.

# 3.1.2 Die Kraft

Ausgangspunkt bildet der Galilei' sche Trägheitssatz:

*„Ein Körper, der keinen anderen Einwirkungen unterworfen ist, führt eine gleichförmige Bewegung aus (Grenzfall: Ruhe mit v = 0)."*

Eine äußere Einwirkung nennt Newton eine Kraft und fordert als Prinzip:

*„Jede Kraft bewirkt eine Beschleunigung. Umgekehrt: Jede Beschleunigung setzt eine verursachende Kraft voraus."*

Nächster Schritt ist nun gemäß dem Prinzip der Mathematisierung eine Formel für die Kraft. Hierzu analysiert Newton den bekannten Spezialfall des Galilei' schen Schwerdrucks P:
Die Erfahrung zeigt: P hängt von der Masse ab. **Wie?**

Zunächst zeigt Newton, dass P nicht von der chemischen Beschaffenheit der Körper abhängt (keineswegs selbstverständlich: Denken wir an den Magnetismus!).
Dann zeigt Newton mit Pendelversuchen an ausgebohrten Kugeln:
P hängt nicht vom Volumen ab (ebenfalls nicht selbstverständlich: Denken wir an die elektrische Feldstärke!).

*Schließlich zeigt er:*

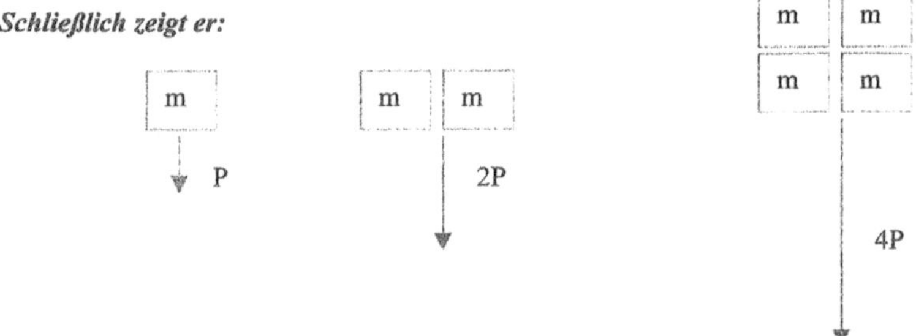


Doppelte Massen erzeugen doppelten Schweredruck, vierfache vierfachen usw.

*Also:*

$$P \sim m \qquad \text{„p proportional m"}$$

Weiter war bekannt: Die Fallbeschleunigung $\vec{g}$ ist nicht konstant, sondern hängt vom Abstand zum Erdmittelpunkt ab (eine Penduluhr, die in Paris genau ging, zeigte Abweichungen am Äquator; Huygens schloss aus seiner Formel für die Periode T der Pendelschwingung, dass dann g variabel sein müsse). Newton folgerte hieraus: Doppelter Wert von g erzeugt den doppelten Schweredruck usw.

*Also:*

$$P \sim g \qquad \text{„p proportional g"}$$

Die einfachste Gleichung, die beide Proporionalitäten erfüllt, ist folgende:

$$P = m * g$$

Gemäß dem Prinzip der Verallgemeinerung definiert dann Newton:

$$\vec{F} \quad = \quad m \quad * \quad \vec{a}$$

**„Kraft:   Masse mal Beschleunigung"**

**Offenbar ist die Kraft ein Vektor!**

**Einheit:**

$$kg * \frac{m}{sec^2} = N \qquad \text{„Newton"}$$


### 3.1.3 Das Gesetz von Actio und Reactio

Ein Fahrzeug I pralle mit einer Geschwindigkeit von 100 km/h auf ein Fahrzeug II. Offenbar übt Fahrzeug I auf Fahrzeug II eine Kraft aus.
Gemäß dem Huygen' schen Relativitätsprinzip kann man aber mit demselben Recht sagen: Fahrzeug II übt auf Fahrzeug I dieselbe Kraft aus.
Hieraus schließt Newton allgemein:
Übt ein Körper a auf einen Körper b eine Kraft $\vec{F}_{ab}$ aus, so übt b auf a eine Kraft $\vec{F}_{ba}$ vom selben Betrag, aber entgegengesetzt gerichtet aus:

$$\vec{F}_{ab} = - \vec{F}_{ba}$$

**„Actio gleich Reactio"**


**Aufgaben:**
**Afg. 1:** **Nennen Sie Beispiele für Kräfte und beschreiben Sie ihre Wirkung.**

**Afg. 2:** **Nennen Sie Beispiele für das Gesetz von Actio gleich Reactio.**

# 3.2 DIE HIMMELSMECHANIK

Mit diesem Rüstzeug konnte nun Newton an die Aufgabe gehen, die die Menschheit seit jeher fasziniert hat: *Die Erklärung der Bewegung der Himmelskörper.*

Zunächst knüpfte er wieder an die Forschungen eines berühmten Vorgängers an: *Johannes Kepler (1571 – 1630).* Dieser hatte für die Planetenbewegungen seine berühmten drei Gesetze gefunden:

(K₁)    „Die Planeten bewegen sich in Ellipsen, in deren einen Brennpunkt die Sonne steht.

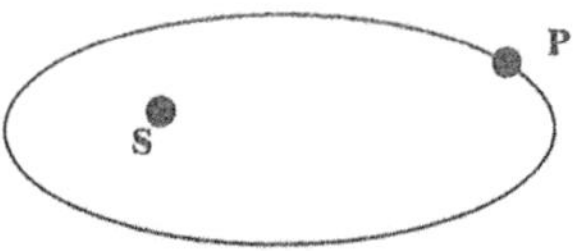


(K₂)    „Der Fahrstrahl Sonne – Planet überstreicht in gleichen Zeiten gleiche Flächen.“

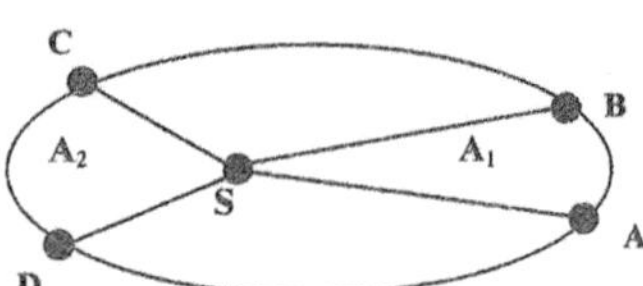


Legt der Planet in der Zeit $t_1$ den Weg $\overset{\frown}{AB}$ und in der Zeit $t_2$ den Weg $\overset{\frown}{CD}$ zurück und gilt weiter: $t_1 = t_2$ so folgt:    $A_1 = A_2$

(K₃)    „Das Verhältnis der Kuben, der großen Halbachsen, zum Quadrat der Umlaufzeit ist für alle Planetenbahnen konstant.“

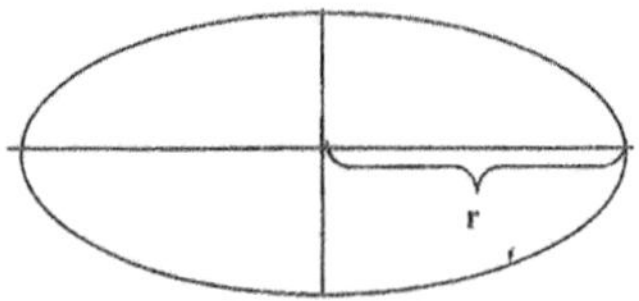


$$\frac{r^3}{T^2} = C_s$$

r:    große Halbachse
T:    Umlaufzeit
Cs:    eine für die Sonne charakteristische Konstante

Dividieren wir also die 3. Potenz der großen Halbachse der Merkurbahn durch das Quadrat des „Merkurjahres", so erhalten wir denselben Wert, wenn wir dies für die Venus, den Saturn oder irgendeinen anderen Planeten tun.

***Bemerkung:***
*Wenn wir bedenken, dass es zu Keplers Zeiten noch nicht einmal ein Fernrohr gab, dass weiter die Abweichung von der Ellipse zur Kreisbahn in Wirklichkeit nur ganz minimal ist, so können wir die Bedeutung dieser Entdeckung nur erahnen. Wir sehen hier auch erneut den Einfluss der Antike. Kepler war sehr stark von Pythagoras beeinflusst. Dessen Glaube, daß die Welt in Zahlenverhältnissen darstellbar sei, war für ihn insbesondere der Leitfaden für die Entdeckung seines dritten Gesetzes.*


Aus ($K_1$) schließt nun Newton:

Da keine gleichförmige Bewegung vorliegt, muss gemäß dem Kraftprinzips eine Kraft auf den Planeten wirken:

$$G_s = m_p * a$$
$$m_p: \textit{Planetenmasse}$$

Wie kann die Beschleunigung a bestimmt werden?

Aus ($K_2$) ergibt sich:
Wenn $\vec{a}$ eine Zentralbeschleunigung in Richtung zur Sonne ist, dann gilt der Flächensatz:

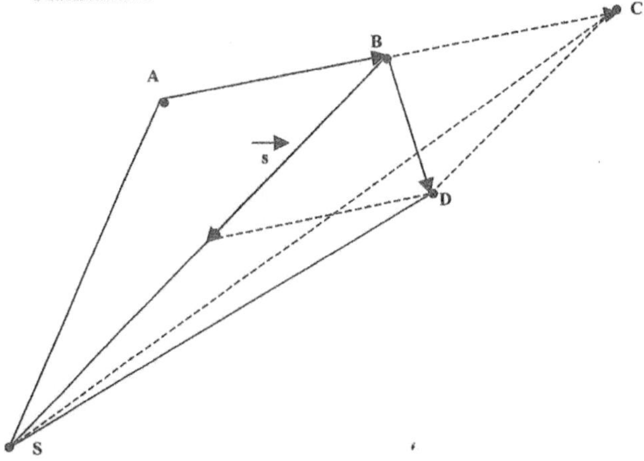


Der Planet bewege sich in der Zeit t von A nach B. Ohne Zentralbeschleunigung würde er sich in derselben Zeit gleichförmig nach C bewegen:

$$\overline{AB} = \overline{BC}.$$

$\vec{s}$ sei die Bewegung, die er durch die Zentralbeschleunigung erfährt.

Infolge der Überlagerung befindet er sich dann bei D. Wir überlegen für den Inhalt A der Dreiecke:

$$A_{\triangle ASB} \qquad = \qquad A_{\triangle BSC}$$
*(gleiche Grundseiten, gleiche Höhen)*

$$A_{\triangle BSC} \qquad = \qquad A_{\triangle BSD}$$
*(gleiche Grundseite BS, gleiche Höhen)*

*Also:* $\qquad A_{\triangle ASB} \qquad = \qquad A_{\triangle BSD}$

Tatsächlich gilt somit der Flächensatz.


**Newton zeigt auch noch umgekehrt:**
Wenn der Flächensatz gilt, so liegt eine Zentralbeschleunigung vor.


**Indem wir näherungsweise die Kreisbahn unterstellen folgt aus ($K_1$):**

Die Zentralbeschleunigung ist die Huygen' sche Zentripetalbeschleunigung:

$$a = 4\pi^2 * \frac{r}{T^2}$$


**Hier erkennt nun Newton den Nenner von ($K_3$) wieder. Also folgert er aus ($K_3$):**

$$a = 4\pi^2 * \frac{r}{T^2} = \frac{4\pi^2}{r^2} * \frac{r^3}{T^2} = \frac{4\pi^2}{r^2} * C_s$$

*Also:*

$$a = \frac{4\pi^2}{r^2} * C_s$$

*Somit:*

$$G_s = m_p * \left( \frac{4\pi^2}{r^2} * C_s \right)$$


**Aus Actio gleich Reactio folgert Newton weiter:**

Der Planet wirkt mit einer Kraft $G_P$ auf die Sonne für die gilt:

$$\vec{G_P} = -\vec{G_S}$$

**Aus dem Generalisierungsprinzip folgt weiter:**

Die Kepler' schen Gesetze sind auch für die Planeten gültig (also: Der Mond bewegt sich beispielsweise in einer Ellipse, in deren einem Brennpunkt die Erde steht, es gilt der Flächensatz usw.). Insbesondere gibt es für jeden Planeten eine charakteristische Konstante $C_P$, so dass gilt:

$$C_P = \frac{r^3}{T^2}$$

> r: Große Ellipsenhalbachse um den Planeten.
> T: Umlaufzeit um den Planeten

**Also können zur Bestimmung der Kraft $G_P$, die der Planet ausübt, dieselben Schlüsse wie bei $G_S$ gezogen werden:**

$$G_P = m_S * \left( \frac{4\pi^2}{r^2} * C_P \right)$$

**Wegen Actio gleich Reactio gilt $G_S = G_P$ und damit:**

$$m_P \left( \frac{4\pi^2}{r^2} * C_S \right) = m_S \left( \frac{4\pi^2}{r^2} * C_P \right)$$

**Umformen:**

$$\frac{C_S}{m_S} = \frac{C_P}{m_P}$$

**Also ist für jeden Himmelskörper das Verhältnis C zur Masse m konstant!**

*Definition:*

$$\frac{C}{m} = \frac{\gamma}{4\pi^2}$$

> $\gamma$ = Gamma

$\gamma$ heißt Gravitationskonstante. *Hieraus folgt:*

$$C_S = \frac{\gamma}{4\pi^2} * m_S$$

*Setzen wir dies in*

$$G_S = m_P * \left( \frac{4\pi^2}{r^2} * C_S \right) \ ein,$$

*so folgt:*

$$G_S = \gamma * \frac{m_P * m_S}{r_2}$$

*Ebenso:*

$$G_P = \gamma * \frac{m_S * m_P}{r^2}$$

**Experimentelle Überprüfung:**
Wie kann man nun diese Formel experimentell prüfen?
Die Herleitung beruht im Wesentlichen auf zwei neuen Faktoren:

1)   $\vec{a}$ ist eine Zentralbeschleunigung.
2)   Die Kepler'schen Gesetze gelten allgemein.

Also muss die Formel der Zentralbeschleunigung auch an der Erdoberfläche geprüft werden können.

*Es gilt:*

$$a = 4\pi^2 * \frac{r}{T^2} = \frac{4\pi^2}{r^2} * C_E$$

$C_E$: Konstante des dritten Kepler' schen Gesetzes für die Erde.

Für r haben wir dann den Erdradius einzusetzen, $C_E$ bestimmen wir aus der Beziehung Erde – Mond. Es gelten dann folgende Zahlen:

$r_{Erdradius}$   $= \quad r_E = \dfrac{40\,000\,000}{2\pi}$ m $\approx 6{,}37 * 10^6$ m

$r_{Erde - Mond}$   $= \quad r_{EM} \approx 382\,600\,000$ m $\approx 3{,}83 * 10^8$ m

$T_{Mond}$   $= \quad T_M \approx 27{,}5$ Tage $\approx 2{,}36 * 10^6$ sec

*Also:*

$$a = \frac{4\pi^2}{r_R^2} * C_E = \frac{4\pi^2 * r_{EM}^3}{r_R^2 * T_M^2}$$

*Einsetzen:*

$$a = \frac{4\pi^2 * \left(3{,}83 * 10^8\right)^3}{\left(6{,}37 * 10^6\right)^2 * \left(2{,}36 * 10^6\right)^2} =$$

$$\frac{4\pi^2 * 3{,}83^3 * 10^{24}}{6{,}37^2 * 10^{12} * 2{,}36^2 * 10^{12}} =$$

$$\frac{4\pi^2 * 3{,}83^3}{6{,}37^2 * 2{,}36^2} \approx 9{,}81 \; \frac{m}{sec^2}$$

Also stimmt die Zentralbeschleunigung genau mit der Fallbeschleunigung überein!

*Bemerkung:*
*Der Mond wird also von derselben Kraft auf der Bahn gehalten, die auch das Fallen bewirkt! Er fällt auch tatsächlich 0,13 cm pro Sekunde auf die Erde zu, erreicht sie aber dennoch nicht, da die Bahn gleichzeitig von einer gleichförmigen Bewegung überlagert wird! Analoges gilt für die Planeten in Richtung zur Sonne!*

## 3.3 Die allgemeine Gravitation

Gemäß dem Generalisierungsprinzip folgert Newton nun die Gültigkeit der oben abgeleiteten Masseanziehung für beliebige Massen:

Seien $K_1$, $K_2$ Körper mit den Massen $m_1$ und $m_2$, die sich im Abstand r zueinander befinden. Dann üben sie wechselseitig eine Kraft $\vec{G}$ aufeinander aus, für deren Betrag gilt:

$$G = \gamma * \frac{m_1 * m_2}{r^2}$$

„Gravitationskraft"

Damit hatte Newton die erste der vier grundlegenden Naturkräfte, die Gravitation, erklärt.

**Experimentelle Bestätigung:**

### Der „Cavendish – Versuch"

An den Enden eines Stabes befinden sich zwei „kleine" Massen m. Der Stab selbst ist im Gleichgewichtspunkt aufgehängt:

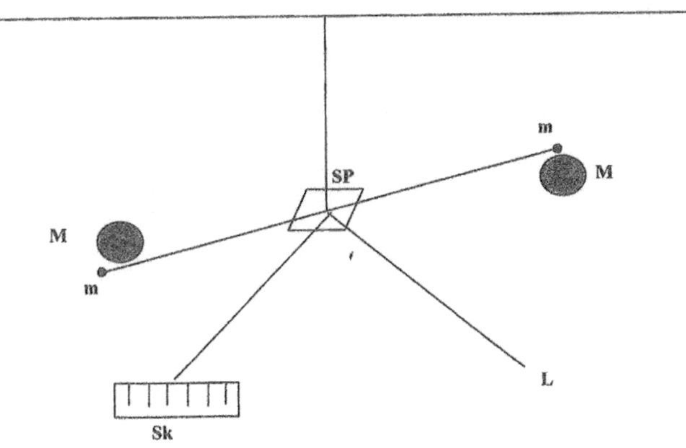

Ausgehend von einer Lichtquelle L wird ein Lichtstrahl über einen im Gleichgewichtspunkt angebrachten Spiegel Sp zu einer Skala Sk geführt. Veränderungen der Stabrichtung können dann an der Skala Sk registriert werden (Drehwaage). Bringt man nun Massen M mit M >> m (lies: wesentlich größer) in die Nähe von m, so zeigt die Drehwaage die Masseanziehung an und das Gravitationsgesetz kann bestätigt werden. Auf diese Art und Weise kann auch die Gravitationskonstante γ experimentell ermittelt werden.

**Man erhält so:**

$$\gamma = 6{,}67 * 10^{-11} \; \frac{m^3}{kg * \sec^2}$$

*Bemerkung:*
*Man erkennt, zu welch außerordentlich präzisen Messungen die Physik zwischenzeitlich in der Lage war, während Galilei anhand seiner schiefen Ebenen noch nicht einmal seine Fallbeschleunigung g auch nur einigermaßen exakt bestimmen konnte.*

**Aufgaben:**

**Allgemeine Daten:**
**Entfernung Erde – Mond:**    ca. 382000 km
**Entfernung Erde – Sonne:**    ca. $1{,}5 * 10^8$ km
**Entfernung Sonne – Jupiter:**    ca. $7{,}8 * 10^8$ km

**Afg. 1:**    Berechnen Sie die Umlaufzeit des Jupiter (Jupiterjahr).

**Afg. 2:**    Ein Übertragungssatellit soll so positioniert werden, dass er von der Erde aus stets an derselben Stelle erscheint.
Auf welche Höhe muss er geschossen werden?

**Afg. 3:**    Berechnen Sie die Masse der Erde.

**Afg. 4:**    Berechnen Sie die Masse der Sonne.

## 3.4 AXIOMATISCHE PHYSIK

Unter einem Axiom versteht man eine nicht weiter beweisbare Grundaussage.
Ein Axiomensystem besteht dann aus einem oder mehreren derartigen Axiomen. Ist das System vollständig, so können alle wahren Aussagen einer Theorie aus diesem System abgeleitet werden.
Prototypen axiomatischer Theorien sind offenbar die mathematischen. So haben wir in 1.3.2 die Axiome der Vektoraddition aufgeschrieben.

### 3.4.1 Die Newton' schen Axiome

$(N_1)$      „Bewegungen überlagern sich ungestört.“

$(N_2)$      „Jede Kraft $\vec{F}$ bewirkt eine Beschleunigung und jede Beschleunigung hat eine verursachende Kraft.“
**Dabei gilt:**      $\vec{F} = m * \vec{a}$

$(N_3)$      „Wirkt der Körper a auf den Körper b mit der Kraft $\vec{F}_{ab}$, so wirkt b auf a mit der Kraft $\vec{F}_{ba}$ und es gilt:
$$\vec{F}_{ab} = -\vec{F}_{ba}$$
„Actio gleich Reactio“

Sämtliche Gesetze der Mechanik können nun aus diesen drei Axiomen abgeleitet werden. Damit hat Newton die Mathematisierung vollendet. Die Physik hat somit in ihrem logischen Aufbau dieselbe Sicherheit erreicht, die bisher der Mathematik vorbehalten war und die deren Überlegenheit ausmacht. Keine andere Wissenschaft hat bisher nur annähernd diesen Standard erreicht.

### 3.4.2 Einfache Folgerungen aus den Axiomen

#### 3.4.2.1 Bewegungsgleichungen und Bahnkurven

Kennt man die wirksame Kraft $\vec{F}$, so gestattet $(N_2)$ die Bahnkurve durch Integration zu bestimmen.

Zunächst erinnern wir an einige Grundtatsachen der Differential- und Integralrechnung:

*Es gilt:*

$$y' = \lim_{\Delta x \longrightarrow 0} \left\langle \frac{\Delta y}{\Delta x} \right\rangle \qquad \text{hierfür schreibt man auch:} \quad y' = \frac{dy}{dx}$$

*Also:*

$$v = \frac{ds}{dt} = \dot{s}$$

*(in der Physik bedeutet „Punkt": Ableitung nach t)*

*Ebenso:* $\quad \dot{v} = \frac{dv}{dt} = a$

*Also:* $\quad a = \dot{v} = \ddot{s}$

*Weiter:* $\quad \int dx = x + C$

*Also:* $\quad \int ds = s + C$

*(Die Integrationskonstante ergibt sich aus den physikalischen Bedingungen.)*


*Beispiele für Bewegungsgleichungen.*

1) $\quad$ F = 0  (es wirkt keine Kraft)
$\quad\quad$ *Einsetzen in (N$_2$):*
$\quad\quad\quad$ 0 = m * a

*Also:* a = 0

*Oder:* $\frac{dv}{dt} = 0$

Ist die Ableitung einer Funktion 0, so ist diese konstant:
v = v$_0$ $\quad\quad$ **const.**

*Weiter:* $\quad \frac{ds}{dt} = v_0$

*Oder:* $\quad ds = v_0 * dt$

*Integration:* $\quad \int ds = \int v_0 dt$

*Also:* $\quad s = v_0 * t + s_0$
$\quad\quad\quad$ s$_0$ = Anfangspunkt


*Ergebnis:* $\quad$ **Wirken auf einen Körper keine Kräfte, so führt er eine gleichförmige Bewegung aus.**

*Bemerkung:* $\quad$ **Dies ist natürlich die Aussage des Trägheitssatzes, der hier aus den Axiomen bewiesen wurde.**

2)     $F \sim m$          *(Die angreifende Kraft ist proportional zur Masse des Körpers.)*

*Wir schreiben:*
$$F = \alpha * m$$

*Setzen in (N$_2$) ein:*
$$\alpha * m = m * a$$

*Also:*
$$\frac{dv}{dt} = \alpha$$

*Oder:*
$$dv = \alpha * dt$$

*Integration:*
$$\int dv = \int \alpha \, dt$$

*Also:*
$$v = \alpha * t + v_0$$
$$v_0: \text{Anfangsgeschwindigkeit}$$

*Weiter:*
$$\frac{ds}{dt} = \alpha * t + v_0$$

$$ds = (\alpha * t + v_0)dt$$

$$\int ds = \int (\alpha * t + v_0)dt$$

$$s = \frac{\alpha}{2} t^2 + v_0 t + s_0$$

*Der Körper führt eine gleichmäßig beschleunigte Bewegung aus.*

*Beispiel:*     *Die Gewichtskraft $G = m * g$, wobei offenbar $g = \alpha$ gilt. Wie also Galilei behauptet hatte: Die Fallbewegung erfolgt unabhängig von der Masse. Da $G \sim m$ steigt also die angreifende Kraft $G$ mit der Masse $m$ gerade so an, dass stets dieselbe Beschleunigung erzielt wird.*

**3)**     $F \sim -s$          *(„harmonischer Oszillator")*

*Also:*          $F = -\alpha * s, \quad \alpha > 0$

*Einsetzen in ($N_2$):*

$$-\alpha * s = m * a$$

*Oder:*          $a = -\dfrac{\alpha}{m} * s$

*Wegen:*          $a = \dot{v} = \ddot{s}$ folgt:

$$\ddot{s} = -\frac{\alpha}{m} * s$$

*Wir setzen:*     $\dfrac{\alpha}{m} = \omega^2$

*Also:*          $\ddot{s} = -\omega^2 * s$

Wir suchen also eine Funktion, die bis auf einen Faktor identisch mit dem negativen ihrer zweiten Ableitung ist. Demzufolge setzen wir an:

$$s = \sin(\omega t)$$

*Also:*          $\ddot{s} = -\omega^2 * \sin(\omega t) \quad = \quad -\omega^2 * s$

Offenbar ist $s = A_1 * \sin(\omega t)$ ebenfalls eine Lösung. Weiter prüft man leicht nach, dass $s = A_2 * \cos(\omega t)$ eine Lösung darstellt. Die allgemeine Lösung erhalten wir dann durch Superposition:

$$s = A_1 * \sin(\omega t) + A_2 * \cos(\omega t)$$

*Ergebnis:*     ***Das System führt eine harmonische Schwingung aus.***


## Aufgaben:

**Afg. 1:**     **Zeigen Sie, dass die allgemeine Gleichung $s = A_1 \sin(\omega t) + A_2 \cos(\omega t)$ tatsächlich die Differenzialgleichung $\ddot{s} = -\omega^2 * s$ erfüllt.**

**Afg. 2:**     **Berechnen Sie die Periode T und Frequenz $\gamma$ des harmonischen Oszillators.**

**Afg. 3:**     **Für eine Kraft $F$ gelte: $F \sim -v$.**
**(z.B. Reibungskraft). Geben Sie die Bewegungsgleichung und die Bahnkurve hierfür an.**

## 3.4.2.2 Impuls und Impulserhaltungssatz

*Definition:*    $\vec{p} = m * \vec{v}$

*heißt Impuls oder Bewegungsgröße*

*Einheit:*    $\dfrac{kg * m}{sec}$

*Offenbar gilt:*    $\overset{\bullet}{p} = F$

*Denn:*    $\overset{\bullet}{p} = \dfrac{dp}{dt} = \dfrac{d}{dt}(m * v) = m * \dfrac{dv}{dt} = m * a = F$

*Bemerkung:*    *In dieser Form hatte Newton zunächst sein Kraftgesetz formuliert.*

*Definition:*    *Ein System heißt abgeschlossen genau dann, wenn keine äußeren Kräfte wirksam sind.*

*Satz:*    *In einem abgeschlossenen System ist der Gesamtimpuls konstant.*
*„Impulserhaltungssatz"*

Beweis:    Wir beschränken uns auf eine lineare Bewegung mit zwei Körpern: Sei $p_1$ der Impuls des Körpers 1, $p_2$ derjenige des zweiten Körpers

*Also:* $P = p_1 + p_2$
*„Gesamtimpuls"*

*Wir bilden:*    $\dfrac{dP}{dt} = \overset{\bullet}{P} = \overset{\bullet}{p_1} + \overset{\bullet}{p_2} = F_1 + F_2$

*Offenbar gilt:*    $F_1$: Kraft mit der Körper 1 auf Körper 2 wirkt.
$F_2$: Analog Körper 2 auf Körper 1.

**Wegen ($N_3$) gilt:**    $F_2 = -F_1$

*Also:*    $\dfrac{dP}{dt} = F_1 + F_2 = F_1 + (-F_1) = 0$

*Eine Funktion, deren Ableitung 0 ergibt, ist konstant. Oder: Bei einer zeitlichen Änderung ändert sich P nicht:*
$P = constant$

*Bemerkung:*    *Neben dem Energieerhaltungssatz liefert der Impulserhaltungssatz eine weitere Grundgleichung*

*Beispiel:*  *Wir haben die Stoßgesetze unter der Voraussetzung gleicher Massen hergeleitet. Gilt $m_1 \neq m_2$, so erhalten wir zur Bestimmung der unbekannten Geschwindigkeiten $v'_1$, $v'_2$ nach dem Stoß folgende Gleichungen:*

$$\frac{1}{2} \, m_1 \, v_1^2 + \frac{1}{2} \, m_2 \, v_2^2 = \frac{1}{2} \, m_1 \, v_1'^2 + \frac{1}{2} \, m_2 \, v_2'^2$$

*(Energieerhaltungssatz)*

$$m_1 \, v_1 + m_2 \, v_2 = m_1 \, v_1' + m_2 \, v_2'$$

*(Impulserhaltungssatz)*

*Weitere Anwendungen:*

**Rückstoß eines Geschosses:**

Ein Gewehr habe die Masse $m_1$, eine Kugel die Masse $m_2$. Gewehr und Kugel bilden ein abgeschlossenes System. Wird die Kugel mit der Geschwindigkeit $v_2$ abgeschossen, so kann mit dem Impulserhaltungssatz die „Rückstoßgeschwindigkeit" des Gewehres berechnet werden.

**Raketenantrieb:**

Eine Rakete schieße eine bestimmte Masse ihres Treibstoffes ab. Der Impulserhaltungssatz liefert dann die Vorwärtsgeschwindigkeit der Rakete bei bekannter Raketenmasse.

## Aufgaben:

**Afg. 1:**  Ein Gewehr der Masse $m = 3{,}5$ kg feuert Schrotkugeln der Gesamtmasse $10^{-3}$ kg mit der Geschwindigkeit 600 m/sec ab.
Berechnen Sie die Rückstoßgeschwindigkeit des Gewehres.

**Afg. 2:**  80 % der Masse einer 20t-Rakete besteht aus Treibstoff. Dieser wird beim Start als Abgas mit einer mittleren Geschwindigkeit von 98 km/sec ausgestoßen.
Berechnen Sie die mittlere Geschwindigkeit der Rakete unter Vernachlässigung der Gravitationskraft.

**Afg. 3:**  Zwei Körper mit den Massen $m_1$ und $m_2$ haben die Geschwindigkeitsbeträge $v_1$ und $v_2$.
Bestimmen Sie ihre Geschwindigkeitsbeträge $v_1'$ und $v_2'$ nach dem Stoß (Voraussetzung: Kein Energieverlust durch den Stoß - „elastischer Stoß").

### 3.4.2.3 Der Energieerhaltungssatz der Statik

In 1.8 haben wir die galileische Herleitung des Energieerhaltungssatzes der Statik aus dem Stevin' schen Prinzip gezeigt. Wir zeigen nun, wie dieser Satz aus den Newton´schen Axiomen gefolgert werden kann:

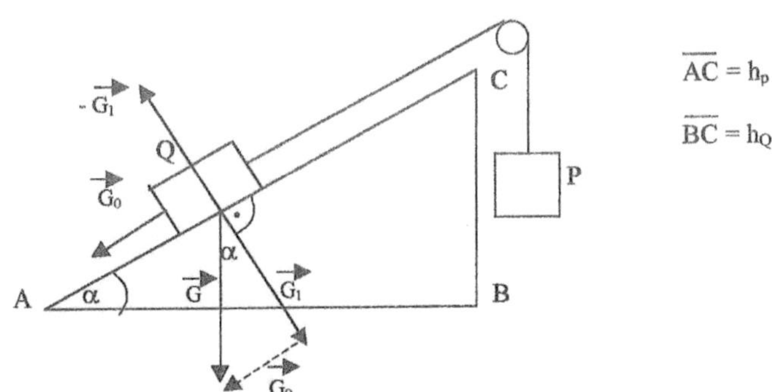


Wir bestimmen nun das Gewicht P so, daß es dem gegebenen Gewicht Q das Gleichgewicht hält:

***Offenbar gilt:*** $\qquad$ **Q = G** $\qquad$ ($\vec{G}$: Gewichtskraft von Q).

Gemäß *(N2)* verursacht $\vec{G}$ eine Beschleunigung $\vec{g}$, diese kann gemäß *(N1)* in zwei Beschleunigungen $\vec{g_0}$ und $\vec{g_1}$ zerlegt werden. Wir wählen eine Komponente senkrecht und waagrecht zur schiefen Ebene. Gemäß *(N2)* erhält man hierfür Kräfte $\vec{G_0}$ und $\vec{G_1}$ mit $\vec{G} = \vec{G_0} + \vec{G_1}$ (vgl. Zeichnung). $\vec{G_1}$ bewirkt den Druck auf die Ebene und wird gemäß „Actio gleich Reactio" *(N3)* kompensiert.

$\vec{G_0}$ bewirkt die Beschleunigung in Richtung der schiefen Ebene. Also muß für das angestrebte Gleichgewicht gelten [nach *(N3)*]:

$$P = G_0 \qquad\qquad\qquad (1)$$

***Offenbar gilt:***

$$\sin(\alpha) = \frac{G_0}{G} \Leftrightarrow G_0 = G * \sin(\alpha) \qquad (2)$$

***Weiter entnimmt man der Zeichnung:***

$$\sin(\alpha) = \frac{\overline{BC}}{\overline{AB}} = \frac{h_Q}{h_P} \qquad\qquad (3)$$

Setzen wir dann (3) in (2) und das Ergebnis in (1) ein und berücksichtigen **Q = G**, so folgt:

$$P * h_P = Q * h_Q \qquad \text{(vgl. Seite 30)}$$

# Lösungen

## Aufgaben Seite 5

**Nr. 1**  Die Geschwindigkeit bleibt konstant, der Anfangspunkt ist $s_0$.
Die Geschwindigkeit nimmt fortlaufend zu.
Der Körper führt eine Schwingung um den Nullpunkt aus.

**Nr. 2**  In dem Beispiel gehen nicht nur der Weg sondern auch die Zeitintervalle gegen Null.
Schließlich findet überhaupt keine Bewegung mehr statt!

## Aufgaben Seite 9

**Nr. 1**  Addition: Überlagerung von Bewegungen
  (KG):  Es ist gleichgültig, ob zuerst die Bewegung 1 mit der Bewegung 2 überlagert wird oder umgekehrt zuerst 2 betrachtet wird und dann mit 1 überlagert wird.

  (AG):  Bei drei Bewegungen ist die Reihenfolge der Überlagerung gleichgültig.

  (N):  Der Nullvektor entspricht dem Stillstand. Dieser wirkt sich offenbar bei einer Überlagerung nicht aus.

  (I):  $-\vec{a}$ entspricht der „gegenläufigen" Bewegung, diese überlagert ergibt den Stillstand.

**Nr. 2**  Wir setzen $\vec{x} = \vec{b} - \vec{a}$:

$$\vec{a} + \vec{x} = \vec{a} + (\vec{b} - \vec{a}) = \vec{a} + (\vec{b} + [-\vec{a}])$$
$$= \vec{a} + ([-\vec{a}] + \vec{b}) \overset{\text{Def.}}{=} (\vec{a} + [-\vec{a}]) + \vec{b}$$
$$= \vec{0} + \vec{b} = \vec{b} + \vec{0} = \vec{b}$$

## Aufgaben Seite 11

**Nr. 1**  Zunahme der Geschwindigkeit pro Zeiteinheit.

**Nr. 2**  Analog zur Geschwindigkeit (vgl. Seite 10)

**Nr. 3**  Tangentialbeschleunigung:  vgl. Start eines Flugzeuges.
Normalbeschleunigung:  vgl. Kurvenfahrt

**Nr. 4**  $v = 46{,}5 \ \frac{km}{h}$

**Nr. 5**  Winkel Rauchfahne – Nordrichtung:  $172°$

## Aufgaben Seite 13

**Nr. 1**  $150\,000\,000 \ \text{km} = 1{,}5 * 10^{11}$

**Nr. 2**  $1666{,}6 \ \frac{km}{h} = 462 \ \frac{m}{sec}$

**Nr. 3**  $16{,}6 \ \frac{m}{sec}$

**Nr. 4**  $14{,}7 \ \text{sec}$

Nr. 5    $100,45 \ \frac{km}{h}$

Nr. 6    1. Bewegung:    $s = 2 * t$        (Gerade durch den Ursprung mit Steigung 4)

                                         $v = 2$        (Parallele zur t – Achse)

          2. Bewegung:    $s = \frac{3}{2} * t,$        $v = \frac{3}{2}$

## Aufgaben Seite 16

Nr. 1    $a * s = a * (\frac{a}{2} \, t^2) = \frac{1}{2} \, (a^2 * t^2) = \frac{1}{2} \, (a * t)^2 = \frac{1}{2} \, v^2$

Nr. 2    $a = 0,9 \ \frac{m}{sec^2}$

Nr. 3    360 m

Nr. 4    $a = 6,2 * 10^5 \ \frac{m}{sec}$        $v = 933 \ \frac{m}{sec}$

Nr 5     a) $s = 2 \, t^2$        (Parabel mit Dehnung 2)

        b)

| t | 1 | 2 | 3 | 4 | 5 | 6 | sec |
|---|---|---|---|---|---|---|-----|
| v | 2 | 6 | 10 | 14 | 18 | 22 | m/sec |

        Jeweilige Steigungsdreiecke

        c) $12 \ \frac{m}{sec}$

        d)  $v = 4 * t$ (Gerade mit Steigung 4)

        e)

| t | 1 | 2 | 3 | 4 | 5 | 6 | sec |
|---|---|---|---|---|---|---|-----|
| a | 2 | 4 | 4 | 4 | 4 | 4 | $m/sec^2$ |

        f)   $a = 4$ (Parallele zur t-Achse im Abstand 4)

## Aufgaben Seite 18

Nr. 1    vgl. Vorgänge, bei denen beispielsweise Wärme beteiligt ist..

Nr. 2    Nach verlassen der Hand wirkt in waagrechter Richtung der Trägheitssatz.

Nr. 3    Wir zerlegen die Bewegung in eine senkrechte und eine waagrechte Komponente. Die waagrechte „nimmt" gemäß dem Trägheitssatz die Erddrehung „mit", weshalb der Stein wieder am selben Ort ankommt (vgl.: Im fahrenden Zug fällt ein Gegenstand senkrecht nach unten!)

Nr. 4    Die Aussage beruht auf der unmittelbaren Beobachtung. Tatsächlich ist sie nicht mit dem Trägheitssatz vereinbar, denn dieser besagt gerade dass die geradlinige Bewegung eine nicht endende fortlaufende Bewegung darstellt.

## Aufgaben Seite 19

Nr. 1    Volkswirtschaftslehre: Gesetz des abnehmenden Ertragszuwachses;
        Psychologie: Aggressionsverhalten verschiedener sozialer Schichten

## Aufgaben Seite 22

**Nr 1**    4,86 sec,    48,6 $\frac{m}{sec}$

**Nr. 2**    $s(4,5) = 101,25$ m        $s(9) = 4,5$ m

$v(4,5) = 45 \frac{m}{sec}$        $v(9) = 90 \frac{m}{sec}$

**Nr. 3**    56,7 m;  3,4 sec


## Aufgaben Seite 25

**Nr. 1**    $v_0 = 1,06 \frac{m}{sec}$

**Nr. 2**    4000 m vor dem Zielort

**Nr. 3**    $h = 20$ m


## Aufgaben Seite 28

**Nr. 1**    a) $h = -\frac{1}{10} s^2 + 3,75$

b)        1. Steighöhe:        3,75 m
            2. Steigzeit:        0,86 sec
            3. Wurfweite:        8,6 m

**Nr. 2**    $v_0 = 28 \frac{m}{sec}$

**Nr. 3**    $\alpha = 7,24° \cdot$


## Aufgaben Seite 34

**Nr.1**    12 kg

**Nr. 2**    3,2 m

**Nr. 3**    3m vom schweren Gewicht entfernt

**Nr. 5**    5 Rollen

**Nr. 6**    Vergleicht man zwei Kettenräder mit verschiedenem Durchmesser (bzw. zwei Ritzel), so ergibt sich aus dem Energieerhaltungssatz, daß der Kraftaufwand proportional zum zurückgelegten Fahrweg ist.
Also: „großer" Kraftaufwand ergibt „großer" Weg,
„kleiner" Kraftaufwand ergibt „kleiner" Weg.

**Aufgaben Seite 37**

**Nr. 1**  Im Karussell bewirkt die Zentripetalbeschleunigung die „Fliehkraft", die Zentrifugalbeschleunigung wirkt dieser entgegen. Vgl. auch Kurvenfahrt u.ä.

**Nr. 2**  Die Zentripetalbeschleunigung ist proportional dem Quadrat der Geschwindigkeit. Verdoppelt also ein Auto die Geschwindigkeit in einer Kurve, so wirkt die vierfache Beschleunigung als „Druck" nach außen. Weiter ist die Zentripetalbeschleunigung umgekehrt zum Radius. Also: Je größer der Radius desto kleiner die Beschleunigung.

**Nr. 3**  $a = \dfrac{v^2}{r}$  Also: $\dfrac{\left(\frac{m}{sec}\right)^2}{m} = \dfrac{m}{sec^2}$

**Nr. 4**  Wir setzen $v = \dfrac{2\pi r}{T}$ in die Formel $a = \dfrac{v^2}{r}$ ein.

**Aufgaben Seite 40**

**Nr. 1**  Für die „normale" Schwingung gilt:
$$s = \cos(t)$$
Die Amplitude A bewirkt dann eine Dehnung: $s = A * \cos(t)$.
Nach der Periode T muß sich die Funktion wiederholen.

Setzen wir $s = A * \cos\left(\dfrac{2\pi}{T}*t\right)$, so erhalten wir für $t = T$ den richtigen Wert. Wir prüfen dann am

Schaubild z.B. für $t = \dfrac{T}{4}$, $t = \dfrac{T}{2}$, $t = T$ nach, daß wir tatsächlich die richtigen Werte erhalten.

**Nr. 2**  Anzahl der Schwingungen pro Zeiteinheit.

**Aufgaben Seite 45**

**Nr. 1**  Kreis um den Gleichgewichtspunkt mit Radius $r \approx s$

**Nr. 2**  $l \approx 0,253\ m$

**Nr. 4**  Gleichgültig wie weit man das Pendel aus der Gleichgewichtslage losläßt, die Zeit für eine volle Schwingung ist stets die selbe. Sie ist richtig, da die Amplitude in der Formel für die Periode nicht mehr vorkommt.

**Nr. 5**  Die Bedingung $\sin \varphi \approx \varphi$ muß erfüllt sein

**Nr. 6**  geg: $l = 2$ ; $A = 30\ cm$

a) Es gilt:  $\varphi = \dfrac{0,3}{2} = 0,15 \approx 0,149 = \sin(\varphi)$

Also ist die Bedingung erfüllt.

b) Es gilt:  $T = 2\pi \sqrt{\dfrac{l}{g}}$

$T = 2\pi \sqrt{\dfrac{2}{10}} \approx 2,8$

**Erg.: T = 2,8 Sekunden**

c) Es gilt:  $t_g = \dfrac{T}{4} = 0,7$

**Also: $t_g = 0,7\ sec$.**

**d) Es gilt:** $\qquad \gamma \approx \frac{1}{T} \Rightarrow \gamma \approx 0,36$

**Erg.: $\gamma \approx 0,36$ Hz.**

**e)** $\qquad 2,8 * 50 = 140$ sec.

**f)** $\qquad s = 0,3 * \cos(\sqrt{5} * t)$

**g)** $\qquad s(12) = 0,3 * \cos(\sqrt{5} * 12) = -0,04$

**Erg.: Das Pendel befindet sich 4 cm links von der Gleichgewichtslage**

**h)** $\qquad 0,3 * \cos(\sqrt{5} * t) = -0,1$

$\qquad \Rightarrow t \approx 0,85$ sec

**i) Es gilt:** $\qquad v = \frac{ds}{dt} = -0,3 * \sin(\sqrt{5} * t) * \sqrt{5}$

$\qquad \Rightarrow v = -0,67$

**Erg.: $v = 0,67 \frac{m}{sec}$**


## Aufgaben Seite 48

**Nr. 1** Das Pendel verliert an Höhe, also potentielle Energie und gewinnt Geschwindigkeit gemäß $\frac{1}{2}$ mv$^2$ (kinetische Energie). Nach Durchlaufen des Gleichgewichtspunktes verläuft der Prozeß mit den entsprechenden Änderungen in „umgekehrter" Richtung bis der Umkehrpunkt erreicht ist und der Prozeß in der zuerst beschriebenen Art und Weise wieder abläuft.

**Nr. 2** Analog zu Seite 47

**Nr. 3** $\frac{1}{2}$ mv$^2$ : kg $* \left(\frac{m}{sec}\right)^2 = \frac{kg * m^2}{sec^2} = $ J

**Nr. 4** Wegen dV = 0 gilt in diesem Fall dT = 0, also v = const.

**Nr. 5** Wir berechnen die maximale Steighöhe h:

$(3 - h)^2 + 0,4^2 = 3^2$

$\qquad h = 0,0268$

Im Umkehrpunkt gilt: T(v) = 0

$\qquad \Rightarrow W = 1,34$ J

Im Gleichgewichtspunkt gilt: $\qquad$ V(h) = 0

Also: $\qquad$ T(v) = 1,34J

Somit: $\qquad v = 0,732 \frac{m}{sec}$

**Nr. 6** 45 m


## Aufgaben Seite 55

**Nr.1** Wind, Magnetismus usw.

**Nr.2** z.B. Man sitzt in einem Boot und zieht an einem Seil, das am Ufer befestigt ist.

z.B. Ein Fahrzeug prallt bei einem Unfall auf ein stehendes Fahrzeug auf.

## Aufgaben Seite 62

**Nr. 1**   ca. 29,5 Jahre

**Nr. 2**   $\approx 42148$ km

**Nr. 3**   ca. $6 * 10^{24}$ kg

**Nr. 4**   $1,99 * 10^{30}$ kg

## Aufgaben Seite 66

**Nr. 1**   $\dot{s} = A_1 \cos(\omega t) * \omega - A_2 \sin(\omega t) * \omega$
$\ddot{s} = -A_1 \sin(\omega t) * \omega^2 - A_2 \cos(\omega t) * \omega^2$
$\quad = -\omega^2 (A_1 \sin(\omega t) + A_2 \cos(\omega t))$
$\quad = -\omega^2 * s$

**Nr. 2**   Aus $\omega = \dfrac{2\pi}{T}$ folgt: $T = \dfrac{1}{2\pi} * \sqrt{\dfrac{\alpha}{m}}$

$\gamma = 2\pi \sqrt{\dfrac{m}{\alpha}}$

**Nr. 3**   Wir setzen: $F = -\alpha * v$
Aus $\beta = \dfrac{\alpha}{m}$ folgt: $\ddot{s} = -\beta * \dot{s}$
Man erhält: $s = e^{-\beta * t}$

## Aufgaben Seite 68

**Nr. 1**   $0,17 \dfrac{m}{sec}$

**Nr. 2**   $392 \dfrac{km}{sec}$

**Nr. 3**   $v'_1 = \dfrac{v_1 (m_1 - m_2) + 2m_2 v_2}{m_1 + m_2}$

$v'_2 = \dfrac{v_2 (m_2 - m_1) + 2m_1 v_1}{m_1 + m_2}$

# Schlusswort

Mit *Newtons* Werk waren die Prinzipien der klassischen Mechanik im Wesentlichen abgeschlossen. Was nun folgte war das Werk der großen Mathematiker

> Joseph L. Lagrange (1736 – 1813),
> Caal F. Gauss (1777 – 1855),
> Sir William R. Hamilton (1805 – 1865) und
> G. J. Jacobi (1804 – 1851).

Sie führten die Mechanik in die höchsten Höhen zu einer der schönsten und elegantesten Theorien. Physikalisch ereignete sich hier erst Anfang des 20. Jahrhunderts Neues: Im Zusammenhang mit der Elektrodynamik war die Konstanz der Lichtgeschwindigkeit in allen Bezugssystemen entdeckt worden. *Albert Einstein* zog hieraus in seiner Relativitätstheorie die Konsequenz (spezielle: 1905, allgemeine 1916).

Parallel zur Entwicklung der Mechanik erfolgte die Erforschung der zweiten großen Grundkraft der Natur: der Elektromagnetischen Kraft. Die hierauf aufbauende Theorie der Elektrodynamik steht der Mechanik an Schönheit in nichts nach. Sie ist im Wesentlichen das Werk von

> Michael Faraday (1791 – 1867),
> James Clerk Maxwell (1831 – 1894) und
> Heinrich Hertz (1857 – 1894).

Die vier *Maxwell'*schen Gleichungen spielen hierbei die Rolle der *Newton'* schen Axiome.

Schien es am Ende des 19. Jahrhunderts so, als ob die Physik ihren Abschluss gefunden hätte, so setzte mit der Entwicklung der Quantenmechanik durch

> Werner Heisenberg (1901 – 1976),
> Max Born (1882 – 1970),
> Erwin Schrödinger (1887 – 1961)

und der darauf aufbauenden relativistischen Quantenfeldtheorie durch

> Paul A. M. Dirac (1902 – 1984),
> Richard P. Feynman (1918 – 1988),

eine neue revolutionäre Entwicklung ein, die bis zum heutigen Tag nicht abgeschlossen ist.

Eine genauere Kenntnis derselben sprengt aber den Rahmen einer „Allgemeinbildung", so wie wir ihn in der Einleitung abgesteckt haben. Neben einem speziellen Interesse dürfte für ein detailliertes Verständnis auch eine gewisse physikalisch–mathematische Begabung notwendig sein. Denn alleine die Mathematik, die für ein wirkliches Verständnis notwendig ist, geht schon in ihren Ansätzen weit über das hinaus, was in der Schule erlernt werden kann.

Doch trösten wir uns: Selbst Physiker vom Range eines *Heisenberg* oder *Einstein* beklagten immer wieder ihre nicht ausreichenden Mathematikkenntnisse. Von letzterem sind die Worte überliefert:


## „Seitdem die Mathematiker die Relativitätstheorie in Händen hielten, verstehe ich sie selbst nicht mehr!"

*Literaturhinweise:*

Die folgenden Bücher sollen Hinweise für denjenigen sein, der über die ersten Grundlagen hinaus mehr über Physik wissen möchte. Allen drei ist gemeinsam, dass sie den physikalischen Inhalt nicht nur kompetent und souverän, bei dem wissenschaftlichen Rang der Autoren ohnehin zu erwarten, sondern auch in didaktisch meisterhafter Form darstellen.

Mehr über die Geschichte und Entwicklung der physikalischen Prinzipien erfährt man in:

**Born, Max**          ***Die Relativitätstheorie Einsteins***
Erste Auflage 1920, Nachdruck: Springer–Verlag, Berlin – Heidelberg – New York.

**Mach, Ernst**          ***Die Mechanik in ihrer Entwicklung***
Erste Auflage 1883, Nachdruck: Wissenschaftliche Buchgesellschaft, Darmstadt.

**Beide Bücher erfordern nicht mehr als die Schulmathematik!**

Eine hervorragende Wiedergabe des gegenwärtigen Standes der Physik findet man bei:

**Feynman, Richard P.**          ***Vorlesungen über Physik***
3 Bände, Oldenbourg – Verlag München.


Die Mathematik wird hier auf das physikalisch Erforderliche beschränkt und an den entsprechenden Stellen eingeführt. Jemand mit mathematisch – physikalischem Talent sollte in der Lage sein sich das Werk zu erarbeiten.

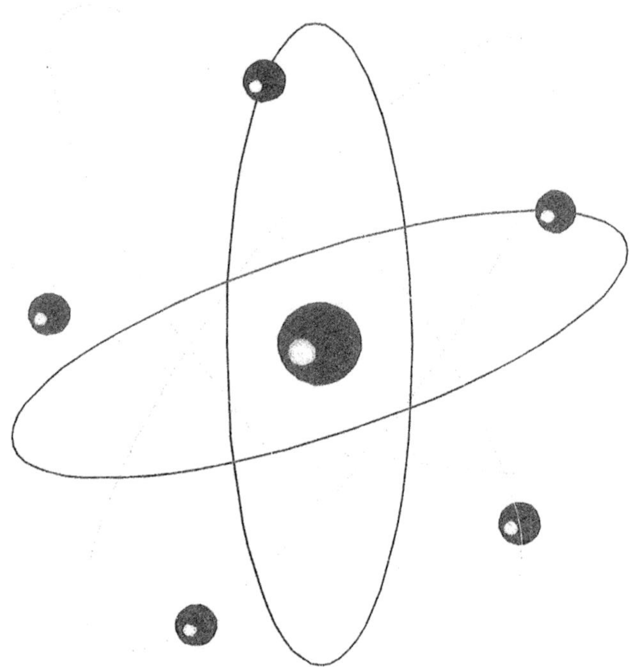